Das Kätzchen, das aus dem Regen kam

Deric Longden

Das Kätzchen, das aus dem Regen kam

Was ein Katzenfan wider
Willen mit seinem neuen
Hausgenossen erlebt –
eine bezaubernde
Katzengeschichte

Scherz

Dritte Auflage 1993
Einzig berechtigte Übersetzung
aus dem Englischen von Mechtild Sandberg.
Die Originalausgabe erschien unter dem Titel
«The Cat Who Came In from the Cold» bei Bantam Press,
London, New York.
Schutzumschlag von Manfred Waller.

1

Hätte das Kätzchen mich nicht angelächelt, ich hätte ihm vielleicht widerstehen können. Nur ein feiner Anflug, ein entferntes Lächeln huschte über sein kleines, ernsthaftes Gesicht – aber mehr brauchte es gar nicht. Augenblicklich war es um mich geschehen.

Unser Nachbar, Patrick, hatte uns über die Gartenhecke hinweg miteinander bekannt gemacht.

«Na, was hältst du davon?»

«Wovon?»

«Von dem Kleinen da drüben.»

Er wies auf einen umgedreht stehenden Eimer, auf dem ein weißes Kätzchen herumturnte und mit einem Flaschenkorken und einer Wäscheklammer jonglierte.

«Gehört es dir?»

«Ja.»

«Zeig doch mal her.»

Niemals hätte ich Patrick für einen Tierliebhaber gehalten. Er war ein großer, kräftiger Mann, ein «harter Bursche», von seinem weichen Kern ahnte ich damals noch nichts.

Das Kätzchen verschwand in seiner großen Faust und kam dann auf meiner Seite der Hecke wieder zum Vorschein. Blinzelnd sah es ins Sonnenlicht. Es hatte ungefähr die Größe eines Marmeladenglases mit vier Beinen.

«Wie heißt es denn?»

«Tiger.»

«Sehr originell.»

«Den Namen hatte es schon.»

Das Kätzchen blinzelte mich an und schüttelte den Kopf, als wollte es sagen, daß das nicht stimme.

«Es ist ja nur Haut und Knochen. Was gibst du ihm zu fressen?»

«Er kann doch Mäuse fangen. Von Verwöhnung halte ich nichts.»

Während es draußen langsam dämmerte, beobachtete ich den kleinen Kater vom Küchenfenster aus. Er hockte im Nachbargarten auf seinem Eimer, das Gesichtchen voll trauriger Verwirrung darüber, daß seine Mutter ihn immer noch nicht abgeholt hatte.

Aileen trat leise hinter mich. «Machst du dir etwa immer noch Gedanken wegen dem kleinen Kater da draußen?»

«Er ist so winzig. Dem wird doch jede Maus Herr.»

«Wir haben gar keine Mäuse.»

«Dann muß der arme kleine Teufel verhungern.»

Am nächsten Morgen in aller Frühe war er wieder da. Unsere Nachbarn, Patrick und Sarah, waren zur Arbeit gefahren, und der kleine Kater stromerte im Garten herum und beschnupperte die Stiefmütterchen, die einzigen Blumen, zu denen er mit seinem kurzen Näschen hinaufreichte.

Ein paar Minuten lang machte er Frühgymnastik auf dem Rand eines Blumentopfs, dann zog er sich wieder auf seinen Eimer zurück. Jemand hatte ihm seinen Korken gestohlen, und die Wäscheklammer hielt auf der Leine ein Geschirrtuch fest, das dort im Wind schwang – es war Montag morgen, und sie mußte sich ihr Brot verdienen.

Wie ich. Ich nahm mir eine Scheibe Toast und eine Tasse Kaffee mit in mein Büro und schaltete den Computer ein. Das war immer der beste Teil des Tages – wenn ich im Morgenrock an meinem Schreibtisch saß und durchlas, was ich am Tag vorher geschrieben hatte.

Aus dem Augenwinkel konnte ich zwei Stockwerke tiefer die gebeugten Gestalten der Menschen sehen, die durch den Nieselregen zur Arbeit stapften. Ich hatte das selbst dreißig Jahre lang mitgemacht, aber jetzt war es vorbei damit. Ich knipste mit dem nackten Fuß den Heizlüfter an und biß herzhaft in meinen Toast.

Nieselregen! Der kleine Kerl da draußen würde klatschnaß werden. Ich schob meinen Sessel zurück und hielt inne, als die Vernunft mir auf die Schulter klopfte. «Wohin willst du?»

«Ich will nur mal nach dem Kätzchen sehen – ob es ihm gutgeht.»

«Wie meinst du das – ob es ihm gutgeht?»

«Na ja, es wird doch bestimmt naß.»

«Na und? Katzen sind doch wasserfest!»

«Da hast du wahrscheinlich recht.»

«Natürlich hab ich recht. Also, wohin willst du?»

«Mir noch eine Scheibe Toast holen.»

«Gar nicht wahr! Du hast ja noch nicht mal diese Scheibe hier aufgegessen. Du willst nur –»

«Ach, geh und laß mich in Frieden.»

Er hockte immer noch auf seinem Eimer, aber er schien geschrumpft zu sein. Das Fell klebte platt an seinem Körper, und er war nur noch halb so groß wie vorher.

Er hob den Kopf und sah mich. Hastig fuhr ich vom Küchenfenster zurück.

«Was ist denn los?» fragte Aileen, die Vernunft in Person.

«Der kleine Kater, er sitzt immer noch da unten.»

«Und? Beschmeißt er dich etwa mit Dreck?»

«Nein – er schaut mich nur an.»

«Das sollte wirklich verboten werden», sagte sie.

«Er tut mir leid.»

«Das weiß ich.»

«Aber ich möchte mich da nicht in was reinziehen lassen.»

«Das weiß ich.»

«Du bist eine Riesenhilfe.»

«Das weiß ich.»

Ich riskierte noch einen Blick aus dem Fenster. Da saß er und wartete auf mich. Im ersten Moment glaubte ich, er würde mir zuzwinkern, aber nein – er lächelte nur.

«Er hat mir zugelächelt.»

«Er was?»

«Er hat mir zugelächelt.»

«Du lieber Gott!»

Aber er hatte mir wirklich zugelächelt. Mit einem Lächeln, das sagte: Dieses Leben ist doch zum Verzweifeln, aber ich kann noch darüber lachen – na ja, bleibt einem ja auch nichts anderes übrig, nicht wahr? Und dann schaute er weg – überwältigt von der Hoffnungslosigkeit der Situation. War das nicht eine Träne, die da in seinem Augenwinkel glänzte?

Ich machte den Kühlschrank auf.

«Was tust du da?»

«Ich hol was zum Frühstücken raus.»

«Ich nehme nur Toast.»

«Für den kleinen Kater.»

«Ist das noch zu fassen?»

Ich nahm ein halbes Brathuhn heraus und schnitt ein Stück Brust ab – dann noch eines.

«Eines reicht doch.»

«Ja, ich weiß, aber die Außenseite wird immer so trocken. Innen bleibt das Fleisch viel saftiger ...» Ich schwieg, als mir klar wurde, wie albern mein Gerede klingen mußte. «Er hat doch noch die Milchzähne», fügte ich hinzu, um mich zu rechtfertigen.

«Dann gib ihm doch ein bißchen Milch.»

«Das ist ein guter Gedanke.»

Ich schnitt das Stück Huhn in kleine Häppchen und füllte eine Untertasse mit Milch.

«Hier.»

«Was denn?»

Aileen hielt mir ein Stück Küchenkrepp hin. «Nimm ihm eine Serviette mit – nicht daß er sich das Fell bekleckert.»

Ich war schon halb die Treppe zum Garten hinunter, als mir einfiel, daß ich ja immer noch im Morgenrock war und nichts an den Füßen hatte. Der feine Nieselregen hatte sich mittlerweile zu einem heftigen Guß ausgewachsen. Ach was – ich hatte ja sowieso duschen wollen.

«Hallo, Mieze, wo bist du?»

Der Garten war von einer mannshohen Steinmauer umschlossen, und die Hecke, die Patricks Grundstück von unserem trennte, war etwa gleich hoch.

«Komm! Frühstücken!»

Die Hecke war dicker als die Mauer. Ich mußte mich auf alle viere hinunterlassen, um durch das lichtere Geäst unten bei den Wurzeln hindurchspähen zu können.

Der kleine Kater guckte von der anderen Seite zu mir herüber – er brauchte sich nicht erst auf alle viere hinunterzulassen.

«Guten Morgen.»

Er nickte höflich.

«Da, schau! Hühnchen.»

Ich versuchte, die Untertasse zwischen den Ästen hindurchzuschieben, aber der Zwischenraum war nicht groß genug. Ich kippte die Untertasse ein wenig, und das Fleisch fiel herunter.

«Ach, verdammt!»

Er runzelte die Stirn – Flüche war er nicht gewöhnt.

«Kommst du so hin?»

Er war verwirrt, nicht sicher, was ich im Schilde führte.

«Es ist näher bei dir als bei mir.»

Er war gar nicht mehr da. Spurlos verschwunden.

Wo konnte er sein? Ich hörte Schlabbergeräusche neben mir, schaute nach links, und da war er, kauerte auf einem Zipfel meines Morgenrocks und tauchte mit flinker rosaroter Zunge in die Untertasse.

Wie hatte er das so schnell geschafft?

«Du bist doch ein cleverer kleiner Bursche.»

Ich neigte mich über ihn, tätschelte ihm liebevoll den Kopf, und er drehte durch. Er sprang hoch wie ein Gummiball, knallte mir ans Kinn und landete in der Untertasse.

«Ach, das tut mir leid. Ich wollte dich nicht erschrekken.»

Er hockte jetzt ungefähr einen Meter entfernt unter einem großen Rhabarberblatt – das gesträubte nasse Fell so stachlig wie eine Punkfrisur, die niedlichen weißen Pfötchen adrett nebeneinander, die Schnurrhaare zwei Nummern zu groß für das kleine Köpfchen.

Ich richtete mich auf und ging auf ihn zu. Er richtete sich auf und ging von mir weg.

«Ich tu dir nichts.»

Am Steintrog stellte ich ihn.

«Du mußt wieder nach Hause.»

Nichts wollte er lieber. Er stellte die tropfnassen Rückenhaare auf. Erst wollten sie nicht so recht, aber er brachte sie mit reiner Willenskraft in Habachtstellung. Seine Beine wuchsen in die Höhe, dann holte er zum Befreiungsschlag aus. Mit einem Scheinausfall nach links übertölpelte er mich, witschte zwischen der Tür des Kohlenschuppens und einem Sack voll bestem irischem Torf hindurch und galoppierte wie ein Rennpferd über die Steinplatten zur Hecke.

Ich ging ihm gemächlich hinterher. Ich brauchte mich nicht zu beeilen – er hing eingeklemmt zwischen zwei dicken Buchsbaumstämmen und trommelte mit seinen kleinen Hinterbeinen in die Erde, daß der Dreck aufspritzte.

Mit einer Hand bog ich einen der hinderlichen Äste zur Seite, mit der anderen schob ich das weiche kleine Hinterteil an. Ein Schauder durchzuckte seinen Körper. Dann schoß er plötzlich wie der Blitz durch die Lücke und rettete sich zu seinem Eimer.

Ich bückte mich und sah ihn schwer atmend auf seiner blechernen Trutzburg sitzen. Unter meinen Händen fühlte ich die Fleischhäppchen und begann, sie ihm eines nach dem anderen hinüberzuwerfen.

«Da, nimm! Es ist Hühnchen.»

Er schüttelte sich angewidert, reckte ein Hinterbein in die Höhe und machte sich daran, sein Hinterteil zu lecken. Wenn so das Frühstück aussah, konnte er gern darauf verzichten.

Es regnete den ganzen Tag – beinahe jedenfalls. Gegen vier Uhr machte das Wetter Teepause, und ich unternahm einen Gang in den Garten. Seit dem Frühstück hatte ich von der Höhe des Küchenfensters aus etwa alle zehn Minuten eine kleine Katzenkontrolle durchgeführt, jetzt bot sich die Gelegenheit, ins Freie zu gehen und aus unmittelbarer Nähe nach dem Rechten zu sehen.

Den ganzen Tag war er im Garten herumgepatscht und hatte Blätter gejagt – daß man sich vor dem Regen schützen konnte, daß es unter der Treppe oder auf der Veranda trockener war, schien er nicht zu wissen. Im strömenden Regen lauerte er hinter seinem Eimer, und sobald ein Blatt vorüberflatterte, sprang er aus dem Hinterhalt und stürzte sich darauf.

Ab und zu kam es vor, daß eines der größeren Blätter unangenehm wurde und sich wehrte. Dann suchte er eilig Zuflucht auf seinem Eimer. In der von einem knapp zwei Zentimeter hohen Blechrand umgebenen Bodenmulde des Eimers hatte sich mittlerweile eine seichte Pfütze gebildet, und wenn er sich niedersetzte, tat er es, reinen Widerwillen im Gesicht, mit äußerster Behutsamkeit. Aber es war eben sein Eimer, und auf ihm fühlte er sich sicher.

Die Blätter waren eine Plage – selbst die freundlicheren unter ihnen. Kaum hatten die Bäume im Greenhead Park sie abgeschüttelt, rotteten sie sich zusammen und tobten in wilder Jagd über die Straße, um unsere Abflüsse zu verstopfen und wehrlose kleine Katzen zu malträtieren.

Ich lief in den Keller, um Schaufel und Besen zu holen. Zehn Stufen führen gerade hinunter, dann folgt unter einem steinernen Vordach eine scharfe Biegung, und danach erst kommt die Tür in Sicht. Unter diesem

Vordach pflegen sich die Blätter auszuruhen. Dort fing ich an zu kehren und hatte fast einen Müllsack voll Laub, ehe ich die Treppe in Angriff nahm. Auf der dritten Stufe stehend, konnte ich in den Nachbargarten hinübersehen und entdeckte hinter der Hecke den kleinen weißen Kater, der sich verwundert fragte, was ich da anstellte.

«Ich fege das Laub zusammen», erklärte ich ihm.

Mit interessiertem Blick ließ er sich von mir mit den vielfältigen technischen Aspekten der Arbeit mit Schaufel und Besen bekannt machen: der gemächliche Zug des Besens, das Retirieren der Schaufel, der letzte energische Schwung. Er war fasziniert.

«Es ist nur eine Sache des Handgelenks», erklärte ich ihm.

Er nickte.

Der Regen hatte Späher ausgeschickt, um das Terrain zu sondieren, und ging nun auf ihre Meldungen hin zur Massenoffensive über.

«Oh, jetzt wird's ungemütlich. Da muß ich rein.»

Das nasse Fell auf seinem Kopf hatte sich geteilt. Er hatte jetzt knapp über dem linken Ohr einen Zwanzigerjahre-Scheitel wie einst Rudolph Valentino. Sein Gesicht war ein Bild der Konzentration – er hatte eine wichtige Entscheidung zu treffen, und ich wartete.

Mit einem entschlossenen Schritt vorwärts und einer kurzen Drehung der Hüften zwängte er den Kopf durch das Geäst der Hecke, daß die zarten Öhrchen gegen die Zweige schlugen. Das Hinterteil folgte wie von selbst. Dann kam er, recht zaghaft eine Pfote vor die andere setzend, über die Steinplatten auf mich zu und hockte sich auf die Schaufel.

Wir sahen einander an. Wir mußten uns beide entscheiden – wir wußten beide, was jetzt auf dem Spiel stand, war eine Entscheidung für das ganze Leben. Ich lächelte, und er lächelte, dann stellte ich den Besen weg, hob die Schaufel hoch und trug ihn ins Haus.

2

Aileen aus der Konzentration zu reißen, ist nicht einfach. Sie saß an ihrem Schreibtisch und starrte auf den Bildschirm ihres Computers, aber in Gedanken war sie draußen auf den unwirtlichen Hochmooren von Yorkshire und beobachtete mit kühler Sachlichkeit, wie ihr Bösewicht von einem Schwein zerfleischt wurde. Sie ist schon eine merkwürdige Frau.

Die Buchstaben, die sie tippte, erschienen schwarz und sehr groß auf dem Bildschirm. Sie ist seit Jahren auf dem rechten Auge blind und sieht mit dem linken nur Licht und Schatten und so riesige Zeichen wie Buchstaben von siebeneinhalb Zentimeter Höhe. Es ist ein Wunder, daß sie überhaupt etwas sieht. Aber sie ist eben auch eine bemerkenswerte Frau.

Ich hüstelte, aber sie hörte es gar nicht. Ich kam mir ein wenig albern vor, wie ich da mit einer Schaufel, auf der ein Kätzchen saß, vor ihrem Schreibtisch stand. Ich hüstelte noch einmal, und sie kehrte in die Realität zurück.

«Ich hab dir Besuch mitgebracht.»

Sie sah mir in Erwartung einer näheren Erklärung ins Gesicht und spähte dann an mir vorbei zur Tür.

«Hier – auf der Schaufel.»

Ich senkte die Schaufel, bis die Gesichter der beiden

auf gleicher Höhe waren. Aileen beugte sich vor. Der kleine Kater neigte sich nach rückwärts, aber er behauptete seinen Platz.

Sie streichelte ihm den Kopf.

«Du bist wirklich ein Schöner, hm?»

Er nickte zustimmend.

«Aber du bist ja patschnaß.»

Er stand auf und schüttelte sich, und ich mußte ihn festhalten, damit er mir nicht von der Schaufel fiel.

«Komm, trocknen wir dich erst mal ab.»

Sie trug ihn in die Küche, und ich brachte die Schaufel auf die Veranda hinaus. Als ich zurückkam, war er bereits in den Tiefen eines warmen Frottiertuchs verschwunden und wurde von einer Expertin, die bei vier kleinen Kindern Erfahrung gesammelt hatte, trockengerubbelt.

Als er wieder zum Vorschein kam, sah er aus, als hätte man ihn ans Stromnetz angeschlossen, mit großen Augen und pluschig abstehendem Fell. Er war jetzt ein richtiges rundes Katzenknäuel.

«So, das ist doch gleich viel besser.»

Er schien da nicht so sicher zu sein. Auf unsicheren Beinen, wie ein kleines Katzentier, das soeben eine Menge Gewicht zugelegt hat, tappte er auf der Geschirrablage der Spüle umher.

«Wie heißt er gleich wieder?»

«Tiger.»

«Er sieht überhaupt nicht wie ein Tiger aus.»

«Er sieht aus wie ein Sperrballon.»

Der kleine Kater nahm noch eine Portion Hühnchen zu sich, nur ein wenig vom Keulchen und ein kleines Stück Flügel diesmal – Aileen machte es ihm zurecht, und sie ist für ihren Geiz bekannt, aber es schien ihm zu schmecken. Ich ließ ihm Zeit für einen großen Schluck Milch und einen kleinen Rülpser, dann trug ich ihn ins Arbeitszimmer und setzte ihn auf Aileens Schreibtisch nieder.

«Du solltest ihn jetzt zurückbringen.»

«Es regnet doch noch, und sie sind ja auch noch gar nicht zu Hause.»

«Aber dann bald.»

Aileens Maschinen und Geräte faszinierten das Kätzchen. Seltsame Zeichen erschienen auf dem Bildschirm des Computers, als er auf spitzen Pfoten über die Tastatur marschierte, erst zum Monitor, dann weiter zum Telefax, wo er innehielt und sein Hinterteil über das Gitter hielt. Ein Ausdruck reiner Wonne flog über sein Gesicht, als die aufsteigende warme Luft ihm die Schwanzhaare zauste. Mit einem Plumps setzte er sich nieder und strahlte uns an.

Ich wollte ihn nicht zurückgeben. Es ging nicht nur darum, daß er mir leid tat – es ging tiefer, und ich konnte es eigentlich gar nicht verstehen.

Ich war nie ein großer Katzenfreund gewesen. Es war nicht so, daß ich Katzen nicht mochte – die anderer Leute streichelte ich gern, und junge Kätzchen hatte ich immer süß und liebenswert gefunden, aber für mich selbst, hatte ich gemeint, käme nur ein Hund in Frage. Ein großer Hund, der angesaust kam, sobald er meine Stimme hörte, und dann mit hingebungsvollem Blick zu mir aufsah.

Katzen sind anders. Sie sind eigenständige kleine Teufel, die ihren eigenen Kopf haben und es sich nicht im Traum einfallen lassen, sich nach anderen zu richten.

Ich sah zu dem kleinen Kater hinunter, der sich jetzt

auf meinem Fuß niedergelassen hatte – er sah mit hingebungsvollem Blick zu mir auf.

«Du denkst doch nicht etwa daran, ihn zu behalten?» fragte Aileen.

«Aber nein, natürlich nicht.»

«Ich dachte immer, du wolltest nur einen Hund.»

Ich sah wieder zu dem kleinen Kater hinunter, und einen Moment lang glaubte ich allen Ernstes, er würde gleich bellen.

«Ich würde ihn jetzt zurückbringen», sagte sie.

Aileen kam herüber und setzte sich zu uns, und der kleine Kater schien zu erkennen, daß es jetzt um alles oder nichts ging. Er stand auf, umrundete den Schaffellteppich so mißtrauisch, als fürchte er, der könnte ihn beißen, und ging mit fliegenden Fahnen zum Angriff über.

Zuerst nahm er sich ihre Beine vor. Die meisten Katzen verstehen sich auf Beinarbeit, und dieser kleine Kater war ein echter Meister. Er arbeitete mit dem ganzen Körper, als hätte er seine Lehrzeit in einem thailändischen Massagesalon abgeleistet. Er rieb und stupste und knuddelte und kuschelte mit Rücken und Flanke, Wange und Kinn, bis Aileen sich hinunterbeugte und ihn auf ihren Schoß hob. Er preßte seinen Kopf gegen ihre Handfläche, während sie ihn streichelte, und schnurrte dabei unablässig wie ein Dieselmotor an einem kalten Morgen.

Es war das reinste Pavarotti-Schnurren – tief und volltönend mit einem kaum wahrnehmbaren Unterton ungeschliffener Rauheit, der an den jungen Rod Stewart erinnerte. Es verblüffte sogar den kleinen Kater selbst, und er hörte zu schnurren auf, um sich zuzuhören. Aber da er nichts hören konnte, ließ er seinen kleinen Motor mit Karacho von neuem an und konzentrierte sich voll auf die Erfordernisse seiner Aufgabe.

Die kleinen Pfoten zitterten, und das weiße Fell bebte, als er aufwärtskletterte und sich auf Aileens Brust setzte und sich zum großen Rührstück bereitmachte.

Er ließ sich auf die Seite fallen und begann, den Kopf auf ihrer Schulter, behutsam mit ihrem großen tropfenförmigen Ohrring zu spielen. Er patschte ihn hierhin und dorthin, ehe er sich aufrichtete und ihn mit der Stirn antippte.

«Ist er nicht süß?»

Das machte mich eifersüchtig. Wem zum Teufel gehörte er denn eigentlich? Gut, ja, er gehörte Patrick, aber zwischen Tiger und mir hatte sich doch eine richtige Männerfreundschaft angebahnt, eine rauhe, aber herzliche Beziehung zwischen zwei Kumpeln, von denen keiner auf die Idee gekommen wäre, den anderen mit übertriebenen Gefühlsausbrüchen in Verlegenheit zu bringen.

Und jetzt führte er sich auf wie die ärgste Schmeichelkatze und wickelte Aileen buchstäblich um seine kleinen Pfoten. Ich stand auf.

«Ich glaube, ich sollte ihn jetzt vielleicht nach Hause bringen.»

Sie kraulte ihn unter dem Kinn. Er schloß die Augen, und die Knie wurden ihm weich.

«Es eilt doch nicht», sagte sie. «Sie haben ihn sicher noch gar nicht vermißt.»

Das Theater ging gut eine halbe Stunde so weiter, und er chargierte auf Teufel komm raus. Ich nahm mir die Zeitung vor und tat, als existierten die beiden nicht für mich. Aileen war völlig in seinem Bann. Jedesmal, wenn ich verstohlen einen Blick zu ihnen hinüberwarf, ertappte mich der kleine Kater, und ich wünschte, ich hätte es gelassen. Aber da tat er plötzlich etwas höchst Erstaunliches.

Er marschierte gerade auf dem Weg zum anderen Ohrring quer über ihre Brust, als er mit einem Ruck stehenblieb und ihr in die Augen blickte – erst in das eine, dann in das andere.

Jetzt schauspielerte er nicht mehr. Jetzt war er wieder der kleine Kater, den ich auf der Schaufel hereingebracht hatte. Er kroch näher an ihr Gesicht heran, legte seine Pfoten auf ihren Hals und sein Kinn auf das ihre. Mehrere Minuten lang machte er genaue Inspektion und fixierte ihre Pupillen wie ein kleiner Augenarzt. Aileen saß ganz still und wartete.

Sie hat sehr schöne Augen. Niemand, der ihre Geschichte nicht kennt oder selbst dabei war, als sie damals direkt in ein Glasfenster hineinlief, würde ahnen, daß sie fast blind ist.

Aber der kleine Kater erkannte es, und während wir gespannt warteten, setzte er sich auf, legte eine Vorderpfote auf ihre Wange und strich ihr mit der anderen behutsam über das blinde Auge.

Keiner von uns machte eine Bewegung. Er berührte mit seinem Pfötchen das andere Auge, dachte eine Weile nach, kippte dann zur Seite und war innerhalb von Sekunden auf ihrer Schulter eingeschlafen.

«Hast du das gesehen?»

«Ja.»

«Er hat es gemerkt, nicht wahr?»

«Ja.»

«Unglaublich.»

Zu diesem Zeitpunkt ahnten wir noch nicht, daß er nunmehr den bis dahin vakanten Posten des amtlichen

Blindenkaters übernommen hatte, doch er nahm seine Pflichten auf, sobald Aileen ihn von ihrer Schulter hob und sachte auf der Sessellehne absetzte. Er erwachte, noch ehe sie den ersten Schritt gemacht hatte, und schon war er zur Stelle, tänzelte vor ihr her wie ein Wiener Lipizzaner, rechts und links und vor und zurück, während sein Blick zwischen ihren Füßen und der Tür hin und her flog.

Draußen im Flur versuchte er, sie um den chinesischen Teppich herumzulotsen. Teppiche schienen ihm nicht geheuer zu sein; das waren schwarze Löcher, in denen kleine Katzen auf Nimmerwiedersehen verschwanden.

Aileen hatte keine solchen Ängste. Sie ging forsch geradeaus, ohne die verzweifelten Bemühungen des kleinen Energiebündels zu ihren Füßen zu beachten. Und da wurde ihm seine mangelnde Schulung zum Verhängnis. Ohne an seine eigene Sicherheit zu denken, warf er sich ihr vor die Füße, die in hochhackigen Schuhen steckten, und wünschte sogleich, er wäre nicht ganz so impulsiv gewesen: Sie trat mitten auf ihn, stolperte und stürzte.

Ich half ihr auf die Beine und versicherte mich, daß sie sich nicht verletzt hatte.

«Alles in Ordnung?»

«Ja, ja. Wo ist die Katze?»

Ich bückte mich und kratzte den plattgedrückten kleinen Kater vom Teppich. Während ich noch seinen Puls suchte, linste er mich aus einem Auge an.

«Keine Sorge, Schatz, er wird's überstehen. Er braucht nur eine kleine Hühncheninfusion.»

Er lag ganz schlaff auf meiner Hand und brachte nur den Schatten eines matten Lächelns zustande. Immerhin schaffte er es dann, ein Häppchen Hühnerbrust hinunterzuwürgen – zwei Untertassen voll, genau gesagt –, aber er ließ keinen Zweifel daran, daß er sich nur aus gesundheitlichen Gründen dazu überwand. Keinesfalls sollte ich mir einbilden, es sei auch nur der geringste Genuß damit verbunden.

Um Aileen machte er einen weiten Bogen, als er wieder in den Flur hinaustrottete. Hühnchen oder nicht – dieser Job als Blindenkater war doch nicht so ganz das reine Honiglecken, wie er es sich vorgestellt hatte.

Dennoch blieb er seinen Pflichten treu. Als sie die Treppe ansteuerte, flitzte er ihr voraus und gewann mit einem gewaltigen Satz die unterste Stufe. Ohne den langen Anlauf bedurfte es für die zweite Stufe natürlich eines noch viel gewaltigeren Satzes, und zu seiner Ehre sei gesagt, daß er immerhin das Kinn über die Kante brachte. Er versuchte sein Glück gleich ein zweites Mal, diesmal mit seiner eigenen Variante des Fosbury-Flops, aber das Haus ist alt und hat hohe Stufen, denen er einfach nicht gewachsen war.

Nach einem weiteren fruchtlosen Versuch ließ er es sich gnädig gefallen, von Aileen auf den Arm genommen zu werden, und tröstete sich mit dem Gedanken, daß er ihr auch von dieser erhöhten Position aus noch Auge und Ohr sein und sie vor hinterhältigen Teppichen warnen konnte.

Ich machte mich nützlich und spülte das Geschirr. Das war eigentlich Aileens Aufgabe – ich kochte, sie spülte, das war unsere stillschweigende Vereinbarung.

Tatsächlich machte ich nur jeden Tag den Inhalt diverser Tiefkühlpackungen heiß, und sie zertepperte jeden Abend diverse Tassen und ein Weinglas.

«Was war das?»

«Eine Sauciere.»

«Wir hatten doch gar keine Soße.»

«Ich hab sie als Milchkännchen benutzt.»

Sie fischte dann mit den Fingern auf dem Grund des Spülbeckens.

«Und was ist das?»

«Das ist der Henkel, der von der Sauciere abgekracht ist.»

«Was ist überhaupt mit unserem Milchkännchen?»

«Du hast es zerbrochen.»

Unser Bestand an Tassen und Untertassen, Tellern und Bechern nahm rapide ab. Milchkännchen und Saucieren hatten wir überhaupt keine mehr. Deshalb versuchte ich, nebenher gleich abzuspülen und ihr nur dieses oder jenes größere Stück übrigzulassen.

Ich spülte die Milchflaschen aus und ging hinaus, um sie auf die Treppe zu stellen. Es war ein schöner Abend. Der Regen hatte aufgehört, und der Vollmond tauchte den Balkon in weiches Licht.

An solchen Abenden kommt mir unweigerlich *Romeo und Julia* in den Sinn. Ich kann nur vier Zeilen auswendig – wenn ich unten im Garten bin, bricht Romeos Stimme aus mir heraus, ein wohltönender Bariton.

«Doch still, was schimmert durch das Fenster dort?
Es ist der Ost und Julia die Sonne!»

An diesem Abend stand ich oben auf dem Balkon und deklamierte daher in den mädchenhaftesten Tönen die unsterblichen Worte:

«Nun gute Nacht! So süß ist Trennungwehe,
Ich rief wohl gute Nacht, bis ich den Morgen sähe.»

An dieser Stelle hat Julia eigentlich ihren Abgang, aber eine Stimme aus dem Nachbargarten hielt mich auf.

«Bist du das, Aileen?»

«Nein, ich bin's.»

Patrick schien enttäuscht. Ich konnte es ihm nicht verübeln. Er leuchtete mit der Taschenlampe und fing mich in ihrem Strahl.

«Hast du unsere Katze gesehen? Ich kann sie nirgends finden.»

«Nein», hörte ich mich im Brustton der Unschuld und der Aufrichtigkeit antworten. «Nein, tut mir leid, Patrick. Ich habe sie nicht gesehen.»

3

Ich trottete Aileen hinterher, die im Schlafzimmer umherging, zuerst den Kleiderschrank öffnete und dann sämtliche Schubladen der Kommode aufzog.

«Ich kann's immer noch nicht glauben, daß du das gesagt hast.»

Ich konnte es auch nicht. Ich gebe ja zu, daß ich ab und zu ein bißchen an der Wahrheit drehe. Es ist auch schon mal vorgekommen, daß ich ihr richtiggehend den Kragen umgedreht habe. Aber ein Lügner war ich nie, nur gedreht habe ich ab und zu und dann meistens zu einem guten Zweck.

«Es kam ganz von selbst raus.»

Sie lag jetzt bäuchlings auf dem Boden und wedelte einen Arm unter dem Bett hin und her.

«Du hättest sagen sollen, du wüßtest nicht, wo er ist.»

«Wieso?»

«Weil ich tatsächlich nicht weiß, wo er ist. Er ist mir abhanden gekommen.»

Ich wedelte von der anderen Seite unter dem Bett und sah dann im Schuhschrank nach. Ich mußte ihn so schnell wie möglich finden und zurückbringen, vielleicht konnte ich meine faustdicke Lüge dann vergessen. Ich fühlte mich wieder wie früher als kleiner

Junge. «Ehrlich, Daddy, ich hab das Kleingeld nicht gesehen, das du auf den Kaminsims gelegt hast.»

«Und was hast du da in der Hand?»

Würde er mir glauben, daß eine meiner Versicherungspolicen fällig geworden war? Nein, er glaubte es nicht, und die Scham bedrückte mich noch, als die blauen Flecken längst vergangen waren.

«Wo hast du ihn zuletzt gesehen?»

«Er hockte im Waschbecken und fraß die Seife.»

«Gut, dann nehmen wir uns das Bad noch mal vor.»

Wir suchten überall, ich sah sogar im Apothekerschränkchen nach. Aileen schüttelte den Kopf.

«Da wäre er doch nie raufgekommen.»

«Ins Waschbecken ist er doch auch gekommen. Wie hat er das denn gemacht?»

«Er ist vom Klo aus raufgesprungen.»

Ich leerte zum zweiten Mal an diesem Abend den Wäschekorb aus, doch Aileen rührte sich nicht.

«Der Klodeckel.»

«Was meinst du?»

«Er war offen. Ich erinnere mich jetzt, er balancierte rund um die Brille. Er wäre beinahe reingefallen. Er muß auf dem Weg auch wieder runtergekommen sein.»

Der Deckel war jetzt zugeklappt. Entsetzt starrten wir beide auf ihn hinunter.

«Schau nach!»

Ich wußte, daß er da drinnen war. Ich spürte es in den Knochen, und meine Knochen haben mich noch nie getäuscht. Ich klappte den Deckel hoch, und er war nicht drinnen.

«Nein, da ist er nicht.»

«Sicher?»

«Ganz sicher. Aber spül vorläufig mal lieber nicht runter.»

Er war nirgends zu finden. Wir durchstöberten das Haus von oben bis unten, und es ist ein großes Haus. Als die Uhr im Korridor eins schlug, gaben wir auf und nahmen Kurs aufs Schlafzimmer.

Aileen warf einen letzten Blick in die Toilette – vielleicht erwartete sie, da plötzlich einen winzigen Schnorchel aus dem Wasser ragen zu sehen.

«Ich kann bestimmt nicht schlafen. Stell dir vor, er ist irgendwo eingesperrt und erstickt.»

«Unsinn, es wird ihm schon nichts passieren.»

Aber ich wußte schon, daß auch ich nicht würde schlafen können.

«Wo ist mein Morgenrock? Ich schau doch lieber noch mal nach. Vielleicht finde ich ihn.»

«Den hab ich in die Waschmaschine gesteckt, weil ich gleich morgen früh –» Sie fuhr in die Höhe. Ich nicht, ich bin manchmal etwas schwer von Begriff.

«In der Waschmaschine haben wir nicht nachgesehen!»

Jetzt fuhr auch ich in die Höhe, sauste wie der Blitz in unseren Waschraum und riß die Tür der Waschmaschine auf.

Im ersten Moment sah ich ihn gar nicht. Er lag in meinen Morgenrock eingewickelt. Dann tauchte unter einer Hose sein Köpfchen auf, und um ja nicht zuviel Energie zu vergeuden, öffnete er nur ein Auge und funkelte mich unmutig an.

Die Uhr im Korridor schlug halb sieben. Trampeln auf meiner Brust und Schnurren in meinem Ohr. Ich machte die Augen auf. Ein kleiner weißer Kater starrte mich an. Wenn es etwas gibt, was ich am frühen Morgen auf den Tod nicht ausstehen kann, dann sind es putzmuntere kleine Kater.

«Hau ab!»

Er schob sich etwas weiter herauf und stellte mir die Vorderbeine auf den Hals.

«Du sollst abhauen!»

Begeistert von den erstickten Gurgelgeräuschen unter seinen Pfoten begann er zu trampeln wie ein kleiner Wilder. Mein Adamsapfel rollte sachte seitwärts und plumpste in mein linkes Ohr. Ich hob den Störenfried hoch, um ihn auf den Boden hinunterzusetzen. Er miaute kläglich, riß sich los und kletterte wieder aufs Bett, um sich bei Aileen zu beschweren. Ich konnte es in letzter Minute verhindern – Aileen braucht ihre acht Stunden Schlaf.

Gemeinsam holten wir meinen Morgenrock aus der Waschmaschine, dann ging ich, Zigaretten und Feuerzeug in der einen Tasche, einen kleinen weißen Kater in der anderen, nach unten in die Küche.

Ich öffnete den Kühlschrank, und wir machten Bestandsaufnahme. Viel war nicht da. Er reckte den Kopf aus meiner Tasche, um das untere Fach zu inspizieren, und verzog unglücklich das Gesicht.

Ich richtete mich langsam auf, so daß er ins nächstobere Fach sehen konnte.

«Zweite Etage – Butter, Käse, Kräuterdip, eine halbe Grapefruit.»

Er schnupperte und nickte. Ich richtete mich noch etwas weiter auf.

«Dritte Etage – eine halbe Dose Kondensmilch, eine Dose Cola, zwei Scheiben Lachs. Und weiter zur vierten Etage – sechs Eier, eine Flasche Salatsoße, Preiselbeermus, ein Körbchen Cocktail-Tomaten und ein Stück Knoblauchwurst.»

Er fand sie köstlich, und als das Wasser kochte, hatte er

bereits zwei Scheiben vertilgt. Ich gab ihm noch eine dritte, ging mit meiner Tasse Tee ins Arbeitszimmer und breitete die Morgenzeitung auf dem Boden aus.

Ich kann im Sitzen nicht Zeitung lesen, ich muß auf allen vieren auf dem Boden herumrobben. Das ist eine alte Angewohnheit, die mir auf Reisen im Intercity nach London Riesenprobleme macht.

Der kleine Kater streckte den Kopf zur Tür hinein und wollte wissen, wo zum Teufel seine Milch sei. Ich entschuldigte mich und folgte seinem entrüstet wakkelnden kleinen Hinterteil zurück in die Küche. Dort schob ich ihm erst einmal eine Scheibe von Aileens Vollkornbrot in den Toaster.

Wir warteten. Erst dauert es ewig, und dann geht es plötzlich ruck, zuck. Man muß das Brot herausziehen, solange der Rauch noch leicht bläulich ist. Ich sah lächelnd zu ihm hinunter – er sah finster zu mir herauf.

«Gleich ist es fertig.»

Er sah mich immer noch finster an.

«Es ist Vollkornbrot, das ist gesund für dich.»

Er sah noch finsterer zu mir herauf, und da dämmerte es mir.

«Du wolltest Milch haben, hm?»

Er sah finster zu mir herauf.

«Du wolltest gar keinen Toast. Ach, das tut mir leid.»

Er sah finster ...

«Laß das endlich!»

Er rollte die Augen.

«Und das läßt du besser auch. Für wen zum Teufel hältst du dich eigentlich?»

Da riß er verdattert die Augen auf.

Er trank seine Milch nicht sofort. Er wartete auf den Toast. Ich hatte ein ganz schlechtes Gewissen, weil ich so scharf mit ihm gewesen war, darum teilte ich den Toast mit ihm, gab Orangenmarmelade auf meine Hälfte und Fleischpastete auf seine und kehrte zu meiner Zeitung zurück.

Fünf Minuten später kam er mir nach und nahm mit milchtriefendem Kinn auf Nelson Mandela Platz.

«He, das wollte ich gerade lesen.»

Er rülpste, und ein Schwall von Knoblauchdünsten brach über uns herein. Nicht einmal der kleine Kater konnte es aushalten. Er wollte sich davonmachen, aber die Knoblauchwolke folgte ihm durch das ganze Arbeitszimmer, und erst nachdem er vier Prestissimo-Runden durch den Raum gedreht hatte, verzog sich die Wolke in Richtung Ozonschicht.

Er streckte sich ein paar Augenblicke auf dem Fensterbrett aus, dann kam er wieder zu mir und ließ sich auf einer Schauspielerin nieder.

«Jetzt hör mal zu, mein Freund, hier im Haus gibt's gewisse Regeln, an die du dich halten solltest. Erstens: Morgens widme ich mich gern in Ruhe meiner Zeitung, kapiert?»

Er nickte – er hatte kapiert. Er rutschte ein Stück weiter und setzte sich auf den Sportteil.

Ich bin ein ziemlicher Morgenmuffel, und wenn ich mir schon brav die Zähne geputzt und die Achselhöhlen desodoriert habe, möchte ich mir nicht von einem frechen kleinen Kater Knoblauchdüfte ins Gesicht blasen lassen. Ich beschloß also, nach bewährter Manier dem kleinen Kater mit einem Ruck die Zeitung unter dem Hintern wegzuziehen, noch ehe er wußte, wie ihm geschah. Ich riß, und er kippte um, schlug die Krallen in den Sportteil und ließ nicht mehr locker.

Ich zerrte ihn bis in den Flur hinaus. Ein herrliches Spiel, fand er und deckte die bockende Zeitung von rechts und links mit Schlägen ein, bis sie nur noch in Fetzen hing. Ich schob meine Hand unter seinen Bauch und hievte ihn in die Höhe, um mich Auge in Auge mit ihm auseinanderzusetzen. Der Sportteil schwebte mit ihm in die Höhe, und er hing in der Luft wie ein Adler mit einem Karnickel in den Klauen.

«Okay, jetzt ist Schluß. Ich bring dich nach Hause. Das hätte ich gestern abend schon tun sollen. Ich weiß gar nicht, was da in mich gefahren war.»

Er begann so heftig zu schnurren, daß sein ganzes Untergestell vibrierte.

«Glaub ja nicht, daß du damit was erreichst.»

Er schob sein Gesicht näher an das meine und versuchte zu ergründen, was er falsch gemacht hatte. Ich wollte nicht lachen, aber ich konnte es mir einfach nicht verkneifen. Und das genügte. Sein kleines Gesicht geriet förmlich aus den Fugen. Er strahlte mich mit einem Lächeln an, das einfach betörend war. Ich schmolz dahin und gab ihm einen Nasenkuß.

Worauf er einen Rülpser losließ, der einfach betäubend war.

Aileen hockte mit hochgezogenen Beinen im Sessel, in der einen Hand eine Zigarette, in der anderen eine Tasse Kaffee, und aus dem Ausschnitt ihres Morgenrocks spitzte ein kleiner weißer Kater, der wohlig an ihren nackten Busen gekuschelt lag.

«Hm, das ist wirklich die reine Lust, warmer Pelz auf nackter Haut», murmelte sie.

Jetzt war doch dieser kleine Gauner, nicht zufrieden damit, mich mitten in der Nacht aus dem Schlaf zu reißen und meine Zeitung zu zerfetzen, auch noch drauf und dran, meine Rolle als Lustobjekt zu usurpieren.

«Er erinnert mich an diese Katze in den Garfield-Cartoons – wie heißt sie gleich?»

«Garfield», sagte ich.

«Nein, der doch nicht. Ich meine den kleinen Kater, du weißt schon.»

«Nermal.»

«Richtig – Nermal.»

Sie neigte sich zu ihm hinunter und gab ihm einen Kuß auf den Kopf. Er plusterte sich auf, schloß die Augen und schmiegte sich noch fester an sie. Sie küßte ihn auf die Nasenspitze – wenn er jetzt rülpste, würde sie merken, daß es mit der reinen Lust doch nicht so weit her war.

«Wir sollten ihn zurückbringen», sagte ich. «Ich geb ihn ab, wenn ich weggehe.»

Dann konnte ich mich auch gleich bei Patrick entschuldigen, ihm gestehen, daß ich gelogen hatte, und ihn um Verzeihung bitten. Oder noch besser – ich konnte ihm erzählen, ich hätte überall nach seinem kleinen Kater gesucht und ihn in letzter Minute vor den Fängen eines blutrünstigen Dobermanns gerettet. Dann würde er bestimmt am Samstag nachmittag rüberkommen und mir die Hecke schneiden.

«Du bist ein bißchen spät dran. Sie sind schon weg. Ich hab das Tor zufallen hören.»

«Ach, Mist.»

Der kleine Kater runzelte die Stirn – schon wieder so ein unfeines Wort.

«Denk dir nichts», beruhigte mich Aileen, während sie seine Ohren kraulte. «Er kann mir Gesellschaft leisten. Ich bring ihn rüber, wenn Sarah heimkommt.»

Die Zeit wurde knapp. Ich mußte um zwölf in Newcastle sein und hatte noch nicht einmal geduscht.

«Ich muß mich beeilen.»

Ich faltete die Zeitung, so gut es ging, und legte sie in Streifen auf den Tisch. Zu seiner Ehre sei's gesagt, der kleine Kater machte ein verlegenes Gesicht.

«Also, dann geh ich jetzt mal nach oben.»

Ich ging langsam durch das Arbeitszimmer. Vergeblich wartete ich auf das Hufgetrappel des treuen Katers, der seinem geliebten Herrn hinterhergaloppiert. Er rutschte nur ein paar Zentimeter tiefer in Aileens Ausschnitt, gähnte und drehte sich genüßlich auf den Rükken.

«Ja, ich muß auch an die Arbeit», sagte Aileen.

Wie der Blitz war er auf den Beinen und tänzelte, ihre Füße keinen Moment aus den Augen lassend, vor ihr her über den Teppich. Einen Moment lang glaubte ich, er würde ihr die Tür öffnen, und er hätte es bestimmt auch getan, wenn er zur Klinke hätte hinaufreichen können.

Im Vorsaal wartete er auf sie wie ein kleiner Verkehrspolizist, lotste sie geschickt um einen enttäuschten chinesischen Teppich herum und flitzte ihr voraus zur Treppe.

«Ist er nicht hinreißend?»

«Ja, er ist ganz niedlich», stimmte ich zu.

«Er ist einfach süß.»

«Hm, nicht übel.»

«Und er ist ausgesprochen intelligent, weißt du.»

Er hockte auf der untersten Treppenstufe und wartete darauf, hochgenommen zu werden. Mit einer beneidenswerten Zuversicht.

«Komm, hilf ihm doch mal. Er schafft das noch nicht.»

Einen Moment lang hatte ich gute Lust, ihn einfach sitzenzulassen, aber da ich im Grunde meines Herzens ein gütiger Mensch bin, nahm ich ihn hoch und setzte ihn in Ausguckposition auf Aileens Schulter.

Die beiden stiegen gemächlich Stufe um Stufe hinauf. Ich drängte mich an ihnen vorbei und wartete oben im Flur. Der kleine Kater saß stocksteif. So ganz geheuer schien es ihm auf seinem luftigen Posten nicht zu sein, zumal Aileen ihn nicht festhielt.

Kann sein, daß die Erleichterung darüber, endlich die letzte Stufe erreicht zu haben, innere Spannungen löste – jedenfalls rülpste der kleine Kater, Aileen fuhr zurück, der Kater sprang und landete auf dem weißen Schaffellteppich.

Daß dies das Ende seines jungen Katzenlebens bedeutete, war ihm sofort klar – Schaffellteppiche sind die schlimmsten, die bösartigsten Teppiche überhaupt. Er erstarrte in Erwartung seines Schicksals.

«Was hat der denn gefressen?»

«Pscht!»

Eine ganze Weile stand er wie versteinert. Als ihm dann dämmerte, daß dieser Teppich wahrscheinlich einer der wenigen freundlich gesinnten war, legte sich das gesträubte Fell, die zurückgeklappten Ohren richteten sich wieder auf, und er begann mit beiden Vorderpfoten zu kneten und zu stampfen wie ein Wilder.

«Was tut er denn da?»

«Er stampft.»

Das war eine viel zu schwache Beschreibung. Der schmale Rücken krümmte sich in Zuckungen, der Kopf war tief gesenkt, der ganze kleine Körper bot ein Bild höchster Verzückung.

«Und was tut er jetzt?»

«Er stampft immer noch.»

Ich ging duschen. Nach mir duschte Aileen. Und als wir wieder in den Flur kamen, stampfte er immer noch.

4

Aileen arbeitete, als ich nach Hause kam. Sie hämmerte auf die Tasten, daß die Funken stoben. Ich drückte ihr einen Kuß auf den Kopf und wartete geduldig darauf, daß sie den Weg ins Hier und Jetzt zurückfinden würde.

Im Augenblick befand sie sich mitten in den vierziger Jahren und mühte sich, ihre Figuren dazu zu bewegen, ihre Befehle auszuführen. Die eigensinnigeren unter ihnen verweigerten ihr manchmal den Gehorsam; sie waren es, die das Buch lebendig machten. Ich setzte mich also nieder und wartete.

Wenn sie sich erst einmal in eine Geschichte vertieft hatte, pflegte sie in ihre Figuren hineinzuschlüpfen und geriet ihrerseits unter deren Einfluß.

Ich warf einen Blick über ihre Schulter und sah, daß Maddie und Max jetzt halbnackt vor dem offenen Kamin niedersanken, heiß vor Glut und Verlangen . . .

Ich wartete weiter – es würde sich lohnen.

Ich kochte eine Kanne Tee und trug das Tablett ins Arbeitszimmer. Von dem kleinen Kater war keine Spur zu entdecken, sie hatte ihn wohl zurückgebracht.

«Hallo . . .»

Sie kam jetzt von der Farm herunter und wischte sich den Schlamm von den Gummistiefeln.

«. . . wie lange bist du schon hier?»

«Lang genug, um Tee gekocht zu haben. Ich hab dir eine Tasse hingestellt. Wirf sie nicht um.»

«O wie schön, danke. Hast du den Kater gesehen?»

«Nein.»

«Er ist mir schon wieder abhanden gekommen. Er war den ganzen Morgen mit dem Schaffellteppich beschäftigt, aber seitdem hab ich ihn nicht mehr gesehen.»

«Ich dachte, du hättest ihn nach Hause gebracht.»

«Nein. Ich kann ihn ja nirgends finden.»

Wir hatten achtzehn Zimmer. Man hätte Mühe gehabt, einen Büffel aufzustöbern. Und dann erst ein kleines Kätzchen!

«Vielleicht hast du ihn irgendwo eingesperrt. Wo warst du überall?»

«Nirgends. Ehrlich. Ich hab den ganzen Tag hier drinnen gesessen und gearbeitet.»

«Aber du warst doch bestimmt mal in der Toilette.»

«Ja, richtig.»

«Und in der Küche.»

«Nur um mir ein Joghurt aus dem Kühlschrank zu holen.»

Danach trat eine Pause ein. Keine lange Pause. Eine kurze Pause von höchstens drei Fünftel Sekunden Dauer. Dann sagte Aileen: «Das darf nicht wahr sein.»

Es war aber wahr. Der kleine Kater hockte auf dem Glasbrett über dem Gemüsefach – auf einem Plastikpäckchen mit Schinkenspeck. Die niedlichen weißen Pfötchen standen ordentlich Seite an Seite, das Schwänzchen war sauber eingerollt. Als es licht wurde, kniff er die Augen zu. Dafür riß er das kleine Maul weit auf. Doch was immer er sagen wollte, blieb in seinem Inneren zu Eis erstarrt.

Ich ging in die Knie und holte ihn heraus. Der Schinkenspeck kam mit heraus. Sein kleiner Po war an der Packung festgefroren.

«Was ist mit ihm?»

«Keine Ahnung – es ist schwer zu sagen.»

Ich riß ihm die Plastikpackung wie ein Pflaster vom Fell. Er sperrte die Augen auf – das würde er mir noch heimzahlen.

«Gib ihn mir.»

Ich reichte ihn ihr hinüber und holte ein Handtuch.

«Wickle ihn da rein.»

Sie winkte ab und schob ihn unter ihre Bluse. «Er braucht Körperwärme.»

Sie schloß ihn in die Arme und drückte ihn fest an ihre Brust, aber das reichte nicht, um ihn aufzutauen. Er war so steif wie ein kleiner Spielzeugkater von Woolworth.

Aileen fröstelte. «Kann es sein, daß er sich Erfrierungen geholt hat?»

«Ich hab keine Ahnung.»

Auf ihren Armen bildete sich eine Gänsehaut, und sie fing an, vor Kälte zu schnattern. Der kleine Kater jedoch lag nur da wie ein jämmerlicher Schneeball. Er schien geschrumpft zu sein.

«Gib mir doch mal das Handtuch. Und dann gehen wir mit ihm an den Kamin.»

Sie wickelte ihn fest in das Handtuch ein, und ich machte inzwischen im Wohnzimmer ein großes Feuer. Sie hielt ihn an die Wärme der Flammen und rubbelte ihn behutsam mit dem Handtuch.

«Halt ihn nicht zu nah ran, sonst bekommt er von der plötzlichen Hitze vielleicht Schmerzen.»

Sie rieb ihm die Pfötchen, um auch da die Blutzirkulation wieder anzuregen, und ganz allmählich taute er auf und begann, wieder lebendig zu werden. Zuerst bewegte er den Kopf, nickte mit ihm bedächtig auf und nieder. Dann zuckte zögernd das Schwänzchen.

«Ich glaube, er wird wieder.»

Plötzlich begann er zu zittern. Nie habe ich irgend etwas oder irgend jemand so heftig zittern sehen wie diesen kleinen Kater. Hätte Aileen ihn losgelassen, wir hätten ihn nicht wieder zu fassen bekommen.

Er schaltete vom ersten Gang schnell bis in den fünften hinauf und dann auf Automatik. Der ganze Körper zitterte wie Espenlaub, jeder kleinste Muskel bebte, und es schien, als würde es nie wieder aufhören.

«Ich hab eine Idee.»

Rückblickend war es vielleicht nicht die beste Idee, die ich je hatte, aber in diesem Moment hielt ich sie für genial.

«Mein Thermohemd!»

Ich rannte in die Küche und riß die Schublade mit den Putz- und Staublappen auf. Zwei Wochen zuvor hatte ich das Unterhemd gewaschen und danach in den Trockner geworfen, der auf «heiß» stand. Als ich es eine Stunde später herausnahm, hatte es nur noch Puppengröße und war seither dazu verdammt, ein Leben als Staub- und Poliertuch zu fristen.

«Halt ihn fest.»

Ich schob seinen Kopf durch die Halsöffnung und band die zwei kurzen Ärmel in seinem Nacken zu einer Schleife. Mit einer Schere schnitt ich vier kleine Löcher in den Stoff und bugsierte durch jedes ein Bein.

«Na, was meinst du?»

«Er sieht urkomisch aus.»

«Ich bin noch nicht fertig. Halt seinen Schwanz hoch.»

Ich verschnürte das, was von dem Hemd noch herumhing, zu einem großen häßlichen Knoten, den er nun wie eine unförmige Schleppe hinter sich herziehen konnte.

«Also?»

«Das wird er dir wahrscheinlich nie verzeihen.»

Die restlichen losen Enden und Zipfel raffte ich mit ein paar Sicherheitsnadeln zusammen.

«Na bitte – wie für ihn gemacht.»

«Von seinem Hofschneider, was?»

Wenigstens hatte er jetzt aufgehört zu zittern. Entweder taten die wärmespendenden Eigenschaften des Hemdes ihre Wirkung, oder aber er erstarrte vor Schreck, als er sich im Spiegel sah. Wie auch immer, der kleine Motor hörte allmählich auf zu rattern, und zur Feier dieses Fortschritts spendierte ich ihm eine Untertasse angewärmter, leicht gesüßter Milch.

Aileen setzte ihn auf den Boden, und er wackelte in seiner Wärmehülle auf unsicheren Beinen auf die Untertasse zu.

«Jetzt fehlt ihm nur noch eine lange Zipfelmütze», sagte Aileen.

Er schlief eine gute Stunde. Aileen holte den Schaffellteppich von oben herunter, und nach einigem hingebungsvollen Gestampfe und einem ausgiebigen Streckerchen rollte er sich zusammen und schlief wie ein Murmeltier.

Ich gebe zu, er sah wirklich etwas albern aus, und ich war gespannt, was geschehen würde, wenn er erwachte und sich in eine Zwangsjacke eingepfercht fand.

Ich hätte mich nicht zu sorgen brauchen, er war begeistert. Er knabberte ein wenig an der Sicherheitsnadel, die den Stoff straff über seine Männerbrust spannte, und schlug ein paarmal nach dem Flieger in seinem Genick, doch dann gähnte er und kuschelte sich wieder in das Schaffell. Er schien sich damit abgefunden zu haben, daß Derartiges eben Katern passierte, wenn sie ein gewisses Alter erreicht hatten.

Am Abend setzten wir uns vor den Fernsehapparat und sahen einen Film mit Clive James an. Aileen kann ihn zwar nicht sehen, aber seine gekonnte Art, mit Worten zu spielen, ist gutes Radio, und ich bemühe mich, die visuellen Eindrücke weiterzugeben.

«Jetzt vergraben sie einen Japaner bis zum Hals im Sand.»

«Wer?»

«Ein paar andere Japaner.»

«Wieso lachen die Zuschauer?»

«Keine Ahnung.»

Der kleine Kater saß zwischen uns und las mir jedes Wort von den Lippen ab. Er war jetzt ganz aufgetaut, und es hatte etwas sehr Gemütliches, seinen kleinen warmen, guteingepackten Körper an meinem Schenkel zu fühlen. Ich streichelte ihn, und er schnurrte.

Zu meinem sechsten Geburtstag hatte ich einen jungen Hund bekommen. Eine Woche später kam ich morgens in aller Frühe hinunter, als er noch in seinem Korb lag, und streichelte ihn. Sein Körper war fest und hart und gänzlich ohne Wärme. Er war tot. Seitdem hatte ich kein Tier mehr haben wollen. Sie verlassen einen ja. Da ist es viel besser, einem fremden Hund im Park Stöckchen zu werfen, ein bißchen mit ihm zu spielen und dann wieder zu gehen.

«Jetzt lassen sie einen Haufen kleine Krebse los.»

«Und was tun sie?»

«Sie krabbeln dem Japaner über den Kopf.»

Der kleine Kater schauderte und sah mich an.

«Was läuft im anderen Programm?»

Da gab es Fußball, und Fußball schien ihm zu gefallen. Er sprang vom Sofa und hockte sich direkt vor die Glotze. Sein Kopf drehte sich hin und her wie der Geschützturm auf einem Sherman-Panzer. Dann sauste er hinter den Fernsehapparat, um nach dem Ball zu suchen.

«Wo ist Nermal?» fragte Aileen, als sie die kühle Lücke zwischen uns fühlte.

«Er sucht gerade den Ball – ah, da ist er schon wieder.»

Stolz wie ein Spanier marschierte er in seinem Thermoanzug hinter dem Apparat hervor. Er hockte sich wieder vor den Bildschirm, um sich das Spiel anzusehen.

«Wie wär's mit Thermal?» fragte Aileen.

«Wieso – was meinst du?»

«Als Name.»

«Gefällt mir.»

Sie beugte sich zu dem kleinen Kater hinunter. «Und was meinst du dazu, Thermy? Gefällt dir der Name?»

Er spitzte aufmerksam die Ohren, und damit war die Adoption in aller Form vollzogen. Sie verstieß gegen Sitte und Anstand – und wahrscheinlich gegen das Gesetz –, aber sie war darum nicht weniger bindend. Nicht nur hatte der kleine weiße Kater nun einen neuen Namen, Liebe und Zuneigung hatten ihn, kaum daß er aus der Taufe gehoben war, auch mit einem Kosenamen versehen.

Gleich morgen wollte ich zu unseren Nachbarn gehen und mit Patrick reden. Ich hatte ihm einiges zu erklären.

5

Thermal verbrachte die Nacht in Aileens Arbeitszimmer. Ich kann mir eine angenehmere Art des Erwachens vorstellen, als in aller Herrgottsfrühe von einem übermütigen Kater als Trampolin mißbraucht zu werden. Darum hatte ich beschlossen, von Anfang an konsequent zu sein.

Auf keinen Fall sollte der kleine Bursche verwöhnt werden. Ich machte ihm ein einfaches Bett auf dem Sessel – unten eine Reisedecke und rundherum drei Kissen, damit er nicht herunterfallen konnte. Die Kissen schüttelte ich noch einmal kräftig auf, aber das war auch alles. Anspruchslosigkeit, hieß die Parole.

Aileen hatte ihm aufmerksamerweise ein Schälchen Wasser auf ihren Schreibtisch gestellt. Wir tätschelten ihm noch einmal den Kopf und sagten dann gute Nacht.

«Meinst du, ich sollte ihm das Hemd ausziehen?»

Während Aileen überlegte, drehte ich den Sessel vom Fenster weg, damit das Morgenlicht Thermal nicht zu früh weckte.

«Ist dir eigentlich klar, daß er vielleicht nicht stubenrein ist?»

Daran hatte ich nicht gedacht.

«Dann zieh ich ihm das Hemd doch besser aus.»

«Nein, laß es ihm an. Wenn er dann wirklich was macht, bleibt wenigstens alles schön im – Behälter.»

Das wollte ich mir überhaupt nicht vorstellen. Seit ich ihn auf der Schaufel ins Haus gebracht hatte, hatte er einen halben Liter Milch, ein wenig Huhn, eine Menge Knoblauchwurst und eine Dose Sardinen konsumiert.

Ich tat also, was ich in solchen Situationen immer tue – ich schlug mir alle Gedanken daran aus dem Kopf und ging zu Bett.

Als ich am nächsten Morgen ins Zimmer kam, war er schon wach, den Kopf tief im Wasserschälchen. Ich ging um ihn herum und sah mir das andere Ende an. Da schien alles in Ordnung zu sein. Die Raffungen seines Gewands hatten sich etwas gelockert, so daß es ihn jetzt lose umspielte wie die Pluderhose eines türkischen Paschas, abgesehen davon jedoch sah er so frisch und gepflegt aus wie jemand, der bereits gründliche Morgentoilette gemacht und eine Jogging-Runde hinter sich gebracht hatte.

Es war sonnig draußen, und wir frühstückten auf dem Schreibtisch am Fenster. Unten im Garten ließen sich drei Katzen die Morgensonne auf den Pelz scheinen. Eine aalte sich auf der Mülltonne, die zweite lag quer über der, die sich auf der Mülltonne aalte, und die dritte sah äußerst verdrießlich drein, weil sie keinen Platz mehr fand, um sich in der Sonne zu aalen.

Ich zog den Vorhang zur Seite und hob Thermal hoch, damit er hinuntersehen konnte. «Da, schau! Das ist echte Katzenart.»

Es interessierte ihn nicht im geringsten. Er war gelinde überrascht, daß sie keine Thermohemden anhatten, aber das war auch alles.

«Na, dann komm mal her und laß dir das ausziehen.»

Ich zupfte an den verknoteten Ärmeln in seinem Nacken, und er wurde wild.

«Du brauchst das Ding doch nicht mehr.»

Er war anderer Meinung und versteckte sich hinter dem Briefordner.

«Nun komm schon!»

Er hatte sich nicht gerade das beste Versteck ausgesucht. Seine Ohren spitzten über Aileens Steuerbescheid hinweg, und sein Schwanz ringelte sich in gefährlicher Nähe des Bleistiftspitzers. Ich packte ihn, und er wollte ausreißen. Unser beider Bestreben war nur teilweise Erfolg beschieden. Ich erwischte ihn am Hemdkragen, und er hing in der Luft wie der Korb eines Fesselballons.

«Komm schon, stell dich nicht so an!»

Ich ließ ihn sachte hinunter. Lange bevor seine Pfoten den Boden berührten, galoppierte er schon im Affentempo durch die Luft, und kaum hatte ich ihn abgesetzt, war er wie der Wind zur Tür hinaus.

Ich entdeckte ihn im Korridor unter dem Telefontisch. Da saß er und zeigte mir die kalte Schulter. Die verknoteten Hemdsärmel hatten sich gelockert und hingen zu beiden Seiten seines Kopfes schlaff herab wie die Ohren eines mißmutigen Kaninchens.

Wir brachen die diplomatischen Beziehungen zunächst einmal ab. Ich ging in die Küche, um mir noch eine Tasse Kaffee und eine zweite Scheibe Toast zu holen. Er blieb unter dem Telefontisch sitzen und starrte die Sokkelleiste an.

Mir war klar, daß ihm das auf die Dauer wenig Spaß machen würde, und nach ein paar Minuten hatte er tatsächlich genug davon und kam in die Küche gewandert, um nachzusehen, was all das Geklapper und Gekratze zu bedeuten hatte. Um den Kühlschrank machte er vorsichtshalber einen weiten Bogen.

Sein Kostüm befand sich jetzt in völliger Auflösung und schlotterte ihm um die Beine wie ein Paar heruntergelassene Strümpfe. Als er sah, daß ich auf dem Boden kniete und die Butter vom Teppich kratzte, kam er näher, um mir zu helfen. Wir arbeiteten schweigend, ich mit dem Messer, er mit der Zunge. Mit vereinten Kräften hatten wir den Teppich im Nu wieder sauber.

Eine Auseinandersetzung reinigt die Atmosphäre, sagt man, aber der erste ernsthafte Streit ernüchtert auch, und zwischen uns bestand jetzt eine Distanz, die vorher nicht dagewesen war.

Die Rosine heiterte ihn wieder auf. Er entdeckte sie vor dem Mülleimer. Sie hatte sich genau unter dem Pedal versteckt, und anfangs hatte er Angst vor ihr. Sie war groß für eine Rosine, und er hatte nie zuvor eine gesehen.

Zunächst einmal belauerte er sie. Das Lauern hatte er mit den kleineren Blättern im Garten schon geübt, aber er hätte gewiß als erster zugegeben, daß er auf dem Gebiet noch eine Menge zu lernen hatte. Das hatten ihn die größeren Blätter deutlich wissen lassen.

Die Rosine war nicht weniger mißtrauisch. Es war anzunehmen, daß sie nie zuvor einen kleinen weißen Kater in einem Thermohemd gesehen hatte. Aber nach einem vorsichtigen Stups, einem temperamentvollen Sprint durch die Küche und einigem Gemauschel hinter dem Gemüseregal wurden die beiden dicke Freunde und tobten bald durch das ganze Haus.

Es ist billig, über ein junges Kätzchen zu lachen, das sich für eine Rosine entflammt. Diese Rosine war schließlich das erste Objekt, das ihm allein gehörte, und wir erinnern uns doch alle an unser erstes Fahrrad, nicht wahr?

Ich sortierte die Post, die auf Aileens Schreibtisch lag, und nahm meine Briefe mit in mein Büro. Aileens Schreibtisch ist ein Muster an Ordnung, nur die wesentlichen Dinge, dazu Zigaretten, Feuerzeug und Aschenbecher.

Ich brauche das Chaos – Hefter und Mappen, Bücher, Dutzende von Stiften, ein Glückshufeisen, eine Zange, Geburtstagskarten, einen kleinen weißen Kater im Thermohemd und eine Rosine.

Sie setzten sich ins warme Licht der Schreibtischlampe und sahen mir bei der Arbeit zu. Als ich daranging, meine Post zu beantworten, beschloß Thermal, sich nützlich zu machen. Er tauchte in den Papierkorb und zerfetzte mit der gleichgültigen Effizienz eines Reißwolfs die herabfallenden Briefumschläge. Die Rosine kauerte derweilen neben einer Heftklammer und verfolgte das Treiben ringsum mit wißbegierigem Blick.

Es war eine Szene, wie man sie jeden Morgen um neun in allen Büros landauf, landab beobachten kann: der Bürovorsteher, der Kontorist und der Lehrling, die jeder auf seine Weise zur Steigerung des Bruttosozialprodukts beitragen. Bis der Chef erscheint und mit unzumutbaren Forderungen Sand ins gutgeölte Getriebe bringt.

«Tee», krächzte Aileen, als sie auf dem Weg zu ihrem weit größeren Büro bei uns vorbeikam.

Sie ist frühmorgens immer ausgesprochen kurz angebunden, dafür um so deutlicher. Erst nach zwei Tassen Tee und einem schwarzen Kaffee kommt im allgemeinen die weiche, sanfte Seite an ihr zum Vorschein, die wir alle kannten und liebten.

Während die Rosine den Telefondienst übernahm, machte ich Aileen eine Tasse Tee und brachte sie, von Thermal begleitet, in ihr Arbeitszimmer. Sie hatte einen Briefumschlag unter dem Monitor liegen und blinzelte durch ein Vergrößerungsglas auf den Bildschirm.

«Was steht da?»

Ich zog den Briefumschlag heraus und sah mir den Poststempel an.

«Eastbourne.»

«Ah, das muß von Mollie sein.» Sie riß den Umschlag auf, schob den Brief unter den Monitor und begann dann mit Hilfe des Vergrößerungsglases zu lesen. Sie las so langsam wie ein Kind und bewegte lautlos die Lippen, während sie sich Zeile um Zeile den Bildschirm hinunterarbeitete.

«Ach, verdammt!» Auf halbem Weg gab sie auf und rieb sich die Augen. «Ich kann das nicht entziffern.»

«Laß mich es dir vorlesen.»

«Nein, laß mich erst noch mal versuchen. Wo ist die Untertasse?»

«Welche Untertasse?»

«Die auf meinem Schreibtisch stand.»

«Die hier?» Ich schob sie ihr hin.

«Genau.»

Vorsichtig fuhr sie mit dem Finger durch die Untertasse und hielt inne.

«Du hast es verschüttet.»

«Keine Spur.»

«Aber es war Wasser drin.»

«Gestern abend, ja.»

«Du hast es verschüttet.»

«Aber nein. Thermal hat es getrunken.»

Der kleine Kater wärmte sich den Po auf dem Faxgerät. Das Hemd war so sehr aus der Form geraten, daß er aussah wie Lumpenmüllers Lieschen.

«Was hat er?»

«Du hast es ihm hingestellt, und er hat es getrunken.»

«Da war meine Kontaktlinse drin. Ich konnte mein Etui nicht finden, darum hab ich sie über Nacht in der Untertasse gelassen.»

Ich sah mich nach Thermal um. Er war gerade im Begriff, seinen Posten zu verlassen. Beim Marsch über das Gerät tippte er mit seinen kleinen Pfoten 071 für London Mitte. Aileen hörte die Töne und drehte sich nach ihm um.

«Thermal?»

«Er hat sie wahrscheinlich verschluckt.»

«Das darf doch nicht wahr sein!»

Ich inspizierte die Untertasse am Fenster. Von der Kontaktlinse war keine Spur zu sehen.

«Wenn er seine Milch trinkt, verspritzt er sie immer in der ganzen Gegend.»

Zuerst suchten wir Zentimeter um Zentimeter den Schreibtisch ab. Dann robbten wir über den ganzen Teppich. Thermal spähte über die Schreibtischkante und sah uns interessiert zu.

Aileen hatte einen Geistesblitz. «Weißt du noch, das letzte Mal, als ich sie verloren hatte – da klebte sie auf meiner Backe.»

Wir sprangen beide auf die Beine, um unseren kleinen Kater in näheren Augenschein zu nehmen. Nach einer ersten Voruntersuchung rückten wir ihm zu genauerer Inspektion dichter auf den Pelz. Er sträubte sich.

«Ist ja gut. Du brauchst keine Angst zu haben. Wir tun dir nicht weh.»

Er sah uns an, als wollte er sagen, das will ich auch hoffen.

Ich nahm mir erst seine Schnurrhaare vor und rechte dann mit den Fingerspitzen das Fell auf seinem Kopf und seinen Wangen durch. Weiter vordringen konnte ich nicht, da sein ganzer kleiner Körper ja noch immer in reiner Thermowolle steckte.

«Vielleicht ist sie ihm ins Hemd gerutscht», meinte Aileen, und dies eine Mal in meinem Leben traf ich ohne langes Grübeln und ohne eingehende Beratungsgespräche eine größere Entscheidung. Mit einem gewaltigen Ruck riß ich ihm das Thermohemd vom Leib, und er war so perplex, daß er sich nicht einmal von der Stelle rührte.

Während wir das Hemd ausschüttelten, saß er in nackter Entrüstung auf dem Schreibtisch und ließ mich keinen Moment aus den Augen.

Wir suchten überall, aber die Kontaktlinse war nicht zu finden.

«Na, wenigstens bin ich versichert», tröstete sich Aileen.

«Genaugenommen ist sie gar nicht verloren. Wir wissen, wo sie ist. Wir könnten sie sogar wiederfinden.»

«Also unter diesen Umständen lasse ich sie doch lieber, wo sie ist.»

Ich machte Aileen ein paar Scheiben Toast und kochte uns beiden noch eine Kanne Tee und gab nur interessehalber ein paar Tropfen in eine Untertasse, die ich Thermal hinstellte. Er zog ein Gesicht. Aber nachdem ich etwas Zucker zugefügt hatte, trank er seinen Tee, ohne abzusetzen. Wir sahen ihm aufmerksam zu, um festzustellen, wie weit die Spritzer flogen, aber letztendlich brachte uns das auch nicht weiter, und wir legten den Fall der verlorenen Kontaktlinse ad acta.

Thermal sprang auf das Bücherregal über dem Schreibtisch und tänzelte wie ein Hochseilakrobat die schmale Kante vor den Büchern entlang.

«Sei vorsichtig – nicht daß du abstürzt.»

«Um den brauchst du dir keine Sorgen zu machen», sagte Aileen. «Der hat jetzt Augen im Hintern.»

Ich hätte es nicht prägnanter formulieren können.

6

In der Tierhandlung stand ein Schild: «Totalausverkauf wegen Geschäftsaufgabe.» Und es war auch schon fast total ausverkauft.

Hundekuchen aus geplatzten Papiersäcken lagen über die nackten Bodendielen verstreut, und in einem Käfig am Fenster saß der zerrupfteste Wellensittich, der mir je unter die Augen gekommen war. Sein Gefieder war von gelblich beiger Färbung und bestimmt seit Jahren nicht mehr mit einem Kamm in Berührung gekommen. Ich konnte mir gut vorstellen, wie er mit einem Glimmstengel im Schnabel und einem Flügel in der Hosentasche lässig an seinem Spiegel lehnte und den vorüberkommenden Tauben hinterherfeixte. «Angeschmutzt – 50 % Rabatt», stand auf einem Zettel, der mit Tesafilm an seinen Käfig geklebt war.

Ich wollte ihn mit nach Hause nehmen, aber Aileen meinte, er sei wahrscheinlich ein Trinker oder ein Junkie und die Scherereien nicht wert, die er uns machen würde.

In einem Glasbehälter saß eine Schildkröte, auf die ein zehnprozentiger Rabatt angeboten wurde. Da ihr der Kopf fehlte, vermutete ich, die zehn Prozent bezögen sich darauf. Der Ladeninhaber versicherte mir jedoch, sie habe einen Kopf, sie halte nur ihren Winterschlaf.

Die jungen Hunde waren in zwei Gruppen aufgeteilt. Zwei piekfeine Rassehündchen rekelten sich angemessen blasiert in einem Zwinger in der Nähe des Aquariums, während auf der anderen Seite des Ladens eine kleine Herde ungebärdiger Mischlinge in einen Käfig eingepfercht war, über dem ein großes Schild mit der Aufschrift «Heruntergesetzt» hing.

Ich wollte außer dem angeschmutzten Wellensittich auch noch vier Hündchen mitnehmen, aber auch davon wollte Aileen nichts wissen.

«Wir wollten nur ein Katzenklo.»

Sie hatten keines mehr, also gingen wir um die Ecke zur Konkurrenz.

Die hatten ein Dutzend verschiedener Modelle von der primitiven Miniwanne bis zur Riesentoilette in Luxusausführung.

«Die nehmen wir.»

«Die ist doch viel zu groß.»

«Na ja, es kann doch sein, daß er ab und zu Besuch bekommt.»

«Aber saubermachen mußt du das Ding, nicht er.»

«Das ist wahr.»

Der Verkäufer kam herüber, um uns bei der Auswahl behilflich zu sein. Ich sah keines, das ich wirklich haben wollte.

«Maureen Lipman hat eines mit Dach.»

«Tatsächlich?»

«Ihre Katze, meine ich.»

«Aber hier hat sie das bestimmt nicht gekauft.»

«Nein, sie lebt in London.»

«Na also, dann hat sie's dort gekauft.»

«Ja, vermutlich.»

Das Gespräch ging, wie Gespräche das leicht so an sich haben, völlig am Thema vorbei.

«Also – welches würdest du vorschlagen?»

«Das da.»

«Das da» war ein feudales Gehäuse zum Preis von 8 Pfund 80, sehr geschmackvoll in Braun und Creme gehalten, genau das Richtige für die moderne Katze. Für 1,99 erstanden wir noch einen großen Sack umweltfreundliche, absolut geruchsbindende Katzenstreu, dazu ein Dutzend Dosen bestes Whiskas und einen Karton Brekkies – «mit echten kalifornischen Sardinen». Ich hatte keine Ahnung gehabt, daß Katzenhaltung mit derartigen Kosten verbunden war – wenn Patrick seinen Kater jetzt zurückhaben wollte, müßte er eine Hypothek aufnehmen.

Ich hoffte nur, Thermal würde zufrieden sein. Dieser Katzenkasten war zwar nicht so geräumig wie manche andere, die wir uns angesehen hatten, aber für ein romantisches Abendessen zu zweit war auf jeden Fall Platz genug. Und das, fand ich, war doch viel intimer.

Thermal war begeistert von seinem Gehäuse, rollte sich nach kurzer Besichtigung in einer Ecke zusammen und brachte, den Schlaf des Gerechten schlafend, den ganzen Nachmittag darin zu.

«Das Ding scheint ihm zu gefallen.»

«Aber es ist doch kein Schlafplatz», meinte Aileen. «Es ist ein Klo.»

«Das kann ich ihm nicht so einfach beibringen.»

«Dann zeig's ihm.»

«Später vielleicht.»

Das Katzenklo wurde zum Zentrum seines Lebens – Spielplatz und Erholungsstätte. Später, wenn er erwachsen war, würde er es voraussichtlich zu einem Sammelplatz großer Geister machen.

Eines Morgens rollte er mit seiner kleinen Freundin, der Rosine, darin herum und geriet in helle Panik, als sie im Körnermeer unterging. Ich mußte schütteln und sieben, bis die runzlige kleine Rosine endlich zur Oberfläche durchbrach.

Der kleine Kater saß mit gespitzten Ohren in der Ecke seines Reichs und sah mir beim Kochen zu. Für Aileen und mich gab es einen Fischauflauf aus der Tiefkühlabteilung, für Thermal ein saftiges Schollenfilet.

«Hier, bitte. Aber sei vorsichtig, es ist noch heiß.»

Er sah mich an, als wollte er sagen: Ich esse es hier drinnen.

«Kommt nicht in Frage», erklärte ich.

Warum nicht?

«Du frißt das gefälligst hier draußen. Der Kasten ist nur zum Pinkeln da.»

Er konnte es nicht glauben. Er betrachtete den glänzenden Kunststoff und strich mit der Pfote behutsam über die grauen und blauen Körner, die er in mühevoller Kleinarbeit gerecht und geglättet hatte, bis das Terrain die ästhetische Kunstlosigkeit eines japanischen Gartens besaß.

Noch einmal sah er mir forschend ins Gesicht, dann löste sich das ungläubige Stirnrunzeln in ein strahlendes Lächeln der Erleichterung auf.

Dieser Deric! Immer muß er mich necken.

Mir war schleierhaft, wie er es schaffte, alles, was er futterte, bei sich zu behalten. Sein kleiner Magen konnte nicht größer sein als ein Tennisball, und doch fraß er wie ein Scheunendrescher. Vielleicht litt er an Verstopfung. Im Tiergeschäft gab es Tabletten. Ich würde mich da einmal erkundigen müssen.

Nach dem Abendessen wollte ich noch eine Weile arbeiten. Ich kann nicht denken, wenn ich am Schreibtisch sitze, mein Gehirn funktioniert am besten, wenn ich flach liege. Darum ging ich ins Wohnzimmer und streckte mich neben der Heizung auf dem Teppich aus.

Thermal kam mit. Er legte sich neben mir nieder und begann gleich zufrieden zu schnarchen.

Ich wälzte Ideen für ein Hörfunkstück über die Spinnen, die im Spätherbst, wenn das Wetter kalt und unfreundlich wird, die Häuser aufsuchen. Alle möglichen Gedanken gingen mir durch den Kopf, während ich geistesabwesend die Blätter einer riesigen Topfpflanze anstarrte. Aileen hatte sie erst am Morgen abgestaubt, und ich dachte gerade, daß sie die Unterseiten vergessen hatte, als ein kleiner weißer Kater über meine Brust hinweg zielstrebig zum Blumentopf marschierte.

Ich sah mir sein Untergestell aufmerksam an, als er über mein Gesicht stapfte, dann hob er ab und landete in der weichen Erde des Blumentopfs. Langsam drehte er sich um, ließ sein Hinterteil bedächtig auf Arbeitshöhe hinunter, warf den Kopf zurück, schloß die Augen und fing an zu drücken.

«Nichts da!»

Er schien mich gar nicht zu hören.

«He! Untersteh dich!»

Mit fuchtelnden Armen sprang ich auf. Der kleine Kater hatte die Augen jetzt weit aufgerissen und hockte wie erstarrt. «Du spinnst wohl!»

Ich zerrte ihn aus dem Blumentopf, hielt ihn weit von mir ab, um nicht womöglich etwas abzubekommen, und rannte mit ihm in die Küche. Dort setzte ich ihn in sein Katzenklo, kauerte daneben nieder und wartete. Er verstand die Welt nicht mehr. Sein Gesichtchen spiegelte seine innere Not, während er krampfhaft versuchte, seine Innereien unter Kontrolle zu bringen. Schließlich jedoch breitete sich ein Ausdruck der Zufriedenheit auf seinem Gesicht aus, und er entspannte sich ein wenig.

«Komm schon! Mach!»

Nichts.

Ich nahm ihn wieder hoch, sauste zur Hintertür hinaus und trug ihn die Treppe hinunter in den Garten. Feiner Nieselregen sprenkelte die Rhabarberblätter, als ich sein Hinterteil fest auf die feuchte Erde hinunterdrückte. Er schauderte angewidert, sah aber ein, daß hier jede Diskussion zwecklos war. Dann fixierte er mich, als wollte er sagen: Dann schau wenigstens weg.

Das konnte ich verstehen. Ich wandte mich ab und ging die Treppe hinauf. Vom Balkon aus sah ich aus der Vogelperspektive einen kleinen Kater, der viel zu lange verhalten hatte und nun Riesenmühe hatte, seine Gedärme davon zu überzeugen, daß es nicht so gemeint gewesen war.

Sein kleiner Körper ballte sich zusammen wie der eines Gewichthebers, der zum Rekordversuch ansetzt. Die Schultern krümmten sich, der Hals reckte sich, das Hirn schaltete auf Leerlauf, und das Hinterteil ruckte und zuckte. Er wandte das Gesicht aufwärts, als wollte er den Himmel um Hilfe anflehen, dann sah er, daß ich ihn beobachtete – ich ging weg.

Als ich wieder hinuntersah, war er gerade dabei, die Spuren zu verwischen, mit großen Klumpen feuchter Erde kämpfend, die nicht da liegen blieben, wo er sie haben wollte. In seinem gemütlichen Blumentopf hätte er es viel einfacher gehabt.

Das große Holztor zum Nachbargarten wurde aufgestoßen, und Patrick erschien.

«Hallo.»

«Hallo, Patrick.» O Gott, gleich wird er Thermal sehen!

Er kam auf einen Schwatz an die Hecke. Thermal hörte seine Schritte und linste unten durch die Äste, während ich oben auf dem Balkon stand wie ein Schiedsrichter bei einem verrückten Tennisspiel.

«Du siehst müde aus, Patrick. Harter Tag?»

«Sie sind alle hart, Deric. Ich wollte, ich wär Schriftsteller. Da könnte ich auch den ganzen Tag gemütlich zu Hause sitzen.»

Thermal schob den Kopf hin und her, um einen möglichst guten Blickwinkel zu bekommen. Er versuchte, sich zwischen den Ästen hindurchzuzwängen, aber die Äste waren zu dick und kräftig, und er war mit den Schultern zwischen ihnen eingeklemmt.

«Der kleine Kater ist nicht zurückgekommen.»

«Ach nein?» Er gab sich gerade in diesem Moment größte Mühe zurückzukommen. Gleich würde er durch die Hecke geschlüpft sein.

«Hör mal, Patrick, ich muß dir was sagen», begann ich, aber zum Glück blies der Wind meine Worte fort, und er hörte mich nicht.

«Na ja», fügte er hinzu, «es ist wahrscheinlich am besten so. Er hat sicher irgendwo ein gutes Zuhause gefunden. Hier war das ja kein Leben für ihn – wo wir beide den ganzen Tag nicht da sind.»

Der kleine Kater, der ein gutes Zuhause gefunden hatte, arbeitete sich jetzt mit wackelndem Hinterteil aus der Sackgasse heraus und war auf dem Weg zur Lücke in der Hecke, als er einen Falter aufscheuchte, der eigentlich seit Wochen hätte tot sein müssen.

Er war für eben diesen Moment am Leben geblieben. Er war schon reichlich matt, aber besaß doch noch genug Kraft, um sich torkelnd in der Luft zu halten und

Thermal, der ihn durch den Garten jagte, immer eine Nasenlänge voraus zu bleiben.

«Tja also – ich muß noch was arbeiten, ehe es dunkel wird.» Patrick machte sich daran, Steine zu der kleinen Mauer zu tragen, an der er gerade baute, und auf meiner Seite des Gartens legte der kleine Kater eine Balletteinlage hin, die bühnenreif war.

Der Falter hatte einen langen, harten Sommer hinter sich, und so sehr er sich bemühte, er konnte sich nicht mehr als vielleicht dreißig Zentimeter über den Boden erheben. Da der Hochsprungrekord des kleinen Katers jedoch um einiges darunter lag, war mit einem größeren Blutvergießen im Garten nicht zu rechnen.

Aber dann nahm das Spiel plötzlich eine überraschende Wendung. Der Falter gab mitten in der Luft den Geist auf, und Thermal haschte ihn. Damit hatte er nun überhaupt nicht gerechnet. Einen Moment lang war er völlig verblüfft. Er stupste den leblosen Körper einmal kurz mit der Pfote an, und als er sich nicht rührte, machte er kehrt und nahm Kurs auf die Lücke in der Hecke.

Ich sah es mit Entsetzen. Rufen konnte ich ihn nicht. Das hätte Patrick gehört, und so weit waren wir noch nicht. Also hustete ich. Thermal blieb stehen, und ich hustete noch einmal. Er sah zu mir herauf.

Ich hustete ein drittes Mal mit Nachdruck.

Er schlug einen Bogen um den toten Falter und stapfte die Treppe herauf.

«He, das ist ja ein übler Husten, den du dir da geholt hast», rief Patrick.

«Bronchitis», rief ich zurück.

Thermal hatte den Balkon erreicht. Einen schwereren Hustenanfall mimend, beförderte ich ihn mit dem Fuß durch die Hintertür, und er flog, Kopf voraus, über den Flurteppich.

7

Von diesem Tag an entwickelte Thermal eine tiefe Liebe zur Natur. Am nächsten Morgen hockte er schon um acht auf der Matte und wollte hinaus.

«Nicht allein. Dazu bist du noch zu klein.»

Er hatte seine Rosine mit, aber davon ließ ich mich nicht erweichen – ab und zu muß man als Katzenhalter energisch durchgreifen.

«Du kannst meinetwegen den ganzen Tag hier sitzenbleiben, das ändert auch nichts.»

Er blieb dann doch nicht den ganzen Tag dort sitzen; der Postbote hätte ihn nämlich beinahe umgebracht. Erst schob er ein paar Rechnungen und ein Sortiment Kataloge durch den Briefschlitz, aber diese läppischen Geschichten empfand Thermal nur als Belästigung.

Ernsten Schaden richteten die Gelben Seiten an.

Eben noch hatte ich einem gesunden kleinen Kater die Leviten gelesen und im nächsten Moment las ich das traurige Opfer eines hinterhältigen Flugangriffs vom Boden auf und mit ihm seine Freundin, eine Rosine mit Gehirnschaden.

Ich trug die beiden ins Wohnzimmer und legte sie neben der Heizung nieder. Die Rosine machte kaum Theater, Thermal hingegen jammerte unaufhörlich. Erst war es sein Bein, dann war es sein Rücken. Soweit ich verstehen konnte, war er überzeugt davon, daß er es nicht mehr lange machen würde.

Jeder Theateragent hätte ihn sich angesichts dieser Vorstellung geschnappt. Ich ließ ihn liegen, wo er war, und half Aileen bei der Katalogle ktüre. Sie lutschte genüßlich ein Pfefferminzbonbon.

«Was ist das?»

Ich las das Kleingedruckte.

«Das ist der praktische Staubsaugerfix.»

«Und weiter?»

«Er kostet 6 Pfund 90 und ist aus Plastik. Man befestigt ihn an der Wand und kann dann alles Staubsaugerzubehör dran aufhängen.»

«So was haben wir doch schon, nicht?»

«Ja. Unseres heißt Vielzweckhaken.»

Das Angebot war erstaunlich. Da gab es «die Handtasche, die Ihnen ans Herz wachsen wird».

«Puh, da krieg ich ja gleich Angst.»

Und eine gußeiserne Küchenwaage. «Die Waage, mit der man zu Mrs. Beetons Zeiten wog, hat bis heute nichts von ihrer Präzision verloren.»

«Und bestimmt auch nichts von ihrem Eigengewicht. Was gibt's sonst noch?»

«Wie wär's mit ‹der praktischen, nimmersatten Fusselotte für gepflegte Pullover›?»

«Was ist das?»

Es war ein elektrischer Rasierapparat, nichts anderes. Wo kommen wir denn da hin, wenn wir anfangen, unsere Pullover zu rasieren?

Das Verrückteste in dem ganzen verrückten Sortiment war «die Uhr mit der Zimmerdeckenanzeige». Sie wurde als die raffinierteste Uhr aller Zeiten angepriesen. «Sogar im Dunkeln können Sie jetzt feststellen, wie spät es ist.»

Das konnte ich bereits – meine Nachttischuhr hat ein Leuchtzifferblatt. Aber Ziel dieser Kataloge ist Arbeitsersparnis für den Kunden, und wenn man sich «die Uhr mit der Zimmerdeckenanzeige» kaufte, brauchte man nicht einmal mehr den Kopf zu drehen, um nachzusehen, wie spät es war. Man brauchte nur in die Hände zu klatschen, und schon wurde durch einen schallgesteuerten Mechanismus die genaue Zeit an die Zimmerdecke projiziert.

Ich konnte auf diese raffinierte Uhr verzichten. Ich brauchte nur in die Hände zu klatschen, und schon pflegte Aileen zu brüllen: «Was zum Teufel fällt dir ein, morgens um sechs solchen Krach zu machen?»

Aber jetzt brüllte sie nicht; jetzt war sie dem Ersticken nahe. Das Pfefferminzbonbon war ihr in den falschen Hals gerutscht. Ich klopfte ihr auf den Rücken.

«Hrrmp! Hrrmp!»

Ihr tränten die Augen, und ich klopfte etwas stärker.

«Hrrmp! Hrrmp!»

Wie ein Blitz schoß Thermal ins Arbeitszimmer.

«Hrrmp!»

Aileen warf sich mit wedelnden Armen keuchend und hustend über ihren Schreibtisch. Ich schlug ihr noch einmal kräftig auf den Rücken, und da flog das abgelutschte weiße Bonbon in hohem Bogen aus ihrem Mund und direkt in ihren Eingangskorb.

«Hrrmp! Hrrmp!»

Thermal rannte zu ihr und strich ihr tröstend um die Beine. Sie wischte sich die Augen, dann bückte sie sich und hob ihn auf.

«Ist ja schon wieder gut. Er hatte Angst um mich, nicht wahr?»

«Er glaubt, das sei sein Name.»

«Was?»

«Hrrmp.»

Er warf mir nur einen geringschätzigen Blick zu, dann machte er sich davon und setzte sich aufs Fensterbrett. Ich erzählte Aileen die Geschichte von Patrick und meinem Husten.

«Und du meinst, er kommt jetzt immer, wenn man hustet?»

«Versuch's doch mal.»

Wir gingen in den Korridor hinaus, und sie hüstelte diskret hinter vorgehaltener Hand.

«Lauter.»

Sie drehte ein wenig auf – nichts.

«Er kann dich nicht hören.»

Sie fing an zu husten wie ein Kettenraucher, aber es hatte nicht die geringste Wirkung. Wir warteten vielleicht eine oder zwei Minuten, dann spähten wir vorsichtig ins Arbeitszimmer. Er hockte in dem großen Blumentopf in der Ecke. Die Augen fielen ihm fast aus dem Kopf vor Anstrengung, und sein Rücken war gekrümmt wie ein scharf gespannter Bogen.

An diesem Abend inspizierten wir sämtliche Blumentöpfe im ganzen Haus – an die dreißig – und stellten fest, daß er sehr gründlich gewesen war. Er hatte seine Gaben großzügig und gerecht verteilt – eine ganze Serie kleiner Torpedos, die sich jetzt in unterschiedlichen Stadien des Verfalls befanden. Er wies mich sogar auf einen kleinen Busch im Badezimmer hin, den ich übersehen hatte.

Von da an folgte ich ihm, wohin er auch ging. Kurz vor Mitternacht bemerkte ich beglückt, daß er in die Küche trottete. Ich beobachtete ihn durch den Türspalt, wie er in sein Katzenklo sprang und in den Körnern zu scharren und zu graben begann. War dies endlich der Durchbruch, auf den ich gehofft hatte?

Nein, das war es nicht. Er wackelte ein paarmal mit dem Hintern, drehte sich mehrmals um die eigene Achse und ließ sich mit einem zufriedenen Seufzer in die Kuhle fallen, die er gegraben hatte. Mit einem letzten Blick zum Türspalt wünschte er mir gute Nacht und schloß die Augen.

Ich würde andere Saiten aufziehen, diesem Frechdachs klarmachen müssen, wer hier der Herr im Haus war. Wenn er sich partout nicht davon abbringen lassen wollte, in seinem Klo zu schlafen, mußte ich eben erbarmungslos durchgreifen.

Anfangen würde ich mit einem Zwangsmarsch zum Rhabarberbeet. Es war Mitternacht, er konnte da bleiben, bis er schwarz wurde. Dann würde er schon sehen.

Ich stürmte in die Küche. Er öffnete die Augen und lächelte mich an. Er war ein Bild des Wohlbehagens. Ich lächelte zurück.

Erbarmungslos durchgreifen konnte ich auch morgen noch.

In dieser Nacht schmiedete ich große Erziehungspläne – Wasser und Brot, kalte Duschen, Aufstehen mit den Hühnern. Aber ich verschlief, und alle meine Pläne gerieten in Vergessenheit, als Nick überraschend aus Dubai kam und der Tag in unserem Haus zum amtlichen Feiertag erklärt wurde.

Thermal empfing meinen Sohn mit Zurückhaltung. Es zeigte sich bald, daß ihm diese Riesenfüße nicht geheuer waren und er erst einmal abwarten wollte, ob dieser Mensch auch blind war.

Nick war belustigt über meine Beziehung zu Thermal und sagte es mir, als wir in der Küche gemeinsam Tee kochten.

«Du verwöhnst das Tier, ist dir das klar?»

«Unsinn!»

«Doch, doch.»

Das ging nun wirklich völlig an der Wahrheit vorbei, und ich war drauf und dran, Nicks Behauptung zu widerlegen, als Thermal Anstalten machte, vom Küchentisch zu springen, und da mußte ich natürlich eingreifen. Er hätte sich ja weh tun können.

Ich nahm ihn also hoch und setzte ihn sachte auf dem Linoleum nieder, ehe ich ihm einen Klecks Fleischpaste auf seine Untertasse klatschte.

«Was ist denn das?»

«Fleischpaste.»

«Das ist doch nicht zu fassen!»

«Es ist sein zweites Frühstück – und jetzt entschuldige mich bitte, ich muß arbeiten.»

Ich spülte das Geschirr, während Thermal seine Untertasse in der Küche herumkickte, dann gingen wir hinüber ins Büro. Er wartete draußen, während ich ein Blatt Papier zu einer dünnen Röhre drehte, die ich unter der Tür durchschob.

Als Thermal sie drüben auf der anderen Seite kommen sah, geriet er völlig aus dem Häuschen. Ich schlenkerte sie ein wenig hin und her, und er boxte und puffte und biß und schnappte, bis sie tot war. Dann gingen wir zusammen ins Wohnzimmer, um das Feuer im Kamin mit Asche zu belegen.

Nick hatte mich nie zuvor mit einem Haustier erlebt, und ich bemühte mich, ihm die Beziehung zwischen einem Mann und seinem Kater zu erklären.

«Es ist nicht damit getan, daß man ihn abends raus läßt und ihm eine halbe Dose Whiskas in den Napf haut, wenn er wieder reinkommt.»

«Ja, das seh ich schon.»

«Wir sind auf einer Wellenlänge – wir sind ein Mann und sein Kater.»

«Mit anderen Worten, er hat dich völlig um den Finger gewickelt.»

«So ungefähr, ja.»

Thermal hockte sich vor den Kamin und sah mir zu, wie ich im Feuer herumstocherte. Er blieb ganz passiv, bis ich den Deckel vom Kokseimer nahm. Dann schaltete er sich mit seinem Fachwissen ins Geschehen ein.

Ich holte den Koks mit einer Zange heraus, und seine Aufgabe war es, jeden einzelnen Klumpen zu beschnuppern, ehe ich ihn aufs Feuer legte – eine Art Qualitätskontrolle, wenn Sie wollen. Er hatte noch nie einen Klumpen zurückgewiesen, aber sicher ist sicher.

Als das geschafft war, durfte ich mich fünf Minuten lang meiner Zeitung widmen, während Thermal auf dem Eßtisch Platz nahm und den Vorüberkommenden Gesichter schnitt – ich nehme an, ähnlich läuft das auch in anderen Katzenhaushalten morgens ab.

Für Nick allerdings war eine solche häusliche Szene vollendeter Harmonie zwischen Mensch und Katze etwas ganz Neues. So etwas hatte er noch nie erlebt. Mit Verwunderung sah er zu, wie ich die Mittelseiten der Zeitung herausnahm und neben mir auf den Boden legte. Er hob sie auf und reichte sie mir zurück.

«Nein, nein, laß nur», sagte ich. «Thermal setzt sich immer auf die Zeitung, wenn er vom Gesichterschneiden genug hat, und wenn ich ihm nicht ein paar extra Blätter hinlege, hockt er sich auf den Teil, den ich gerade lese.»

«Warum gibst du ihm nicht einfach eine hinter die Ohren und verbietest es ihm?»

Genau das ist der springende Punkt. Ich bin größer

und stärker als Thermal, es wäre ein Kinderspiel für mich, ihn nach Strich und Faden zu versohlen – aber wenn ich das täte, würde er sich dann noch mit mir zusammen die Tagesschau ansehen und mir dabei seine Pfötchen um den Hals legen und seinen Kopf unter mein Kinn kuscheln?

Würde er dann weiterhin von jeder Mahlzeit, die ich ihm hinstelle, erst einmal nur einen Bissen nehmen und zu mir kommen, um mir zu sagen, daß er seit Monaten keinen so guten Fisch mehr bekommen hätte, ehe er zu seinem Napf zurückkehrte und mit Appetit alles auffraß?

Würde er weiterhin den ganzen Nachmittag bei mir auf dem Schreibtisch liegen und sich im Licht der Schreibtischlampe sonnen?

Nein, das alles täte er natürlich nicht mehr, aber Nick schien das nicht zu begreifen, und ich war enttäuscht, weil man ja immer gern möchte, daß die, welche man liebt, sich auch untereinander lieben.

Den Rest des Tages saß ich an meinem Schreibtisch und arbeitete, während Nick auf dem Sofa im Wohnzimmer seinen Jet-lag ausschlief. Thermal hielt Wache auf dem Fenstersims und paßte auf, daß er nicht mit dem Familiensilber durchbrannte.

Irgendwann am frühen Nachmittag legte ich eine Pause ein und schaute ins Wohnzimmer, um nach dem Rechten zu sehen. Unser kleiner Kater hatte sein Herz in beide Pfoten genommen und saß jetzt im Sessel, von wo aus er auch die Kissen im Auge behalten konnte.

Gegen sechs machte ich für Aileen und mich eine Tasse Tee und warf auf dem Rückweg zum Büro einen Blick ins Wohnzimmer, um zu sehen, ob Nick schon ausgeschlafen hatte.

Er lag immer noch flach, für die Welt gestorben. Sein Brustkorb hob und senkte sich in gleichmäßigem Rhythmus, und auf seinem Magen kauerte ein kleiner weißer Kater, der sich von den Wellenbewegungen tragen ließ wie ein Surfer von der Brandung.

Ich sah mir mit Aileen zusammen die Tagesschau an. Sie legte mir nicht die Pfötchen um den Hals und kuschelte ihren Kopf nicht unter mein Kinn, aber abgesehen davon war es recht nett mit ihr.

Nachher schenkte ich uns ein Glas Wein ein und nahm den Braten aus dem Rohr. Aileen trank meinen Wein, entschuldigte sich und trank dann ihren eigenen.

«Weck doch Nick jetzt.»

Ich öffnete vorsichtig die Tür, um ihn mit aller Behutsamkeit aus dem Land der Träume zu holen, aber er war schon wach und saß mit Thermal am Kamin. Sie versuchten, das Feuer vor dem Erlöschen zu bewahren, und Nick holte mit der Zange die Koksklumpen aus dem Eimer. Jeden einzelnen hielt er erst einmal Thermal hin, damit dieser ihn gründlich beschnuppern konnte, ehe er ihn auf den Rost im Kamin legte.

Sie machten ihre Sache nicht schlecht, und als das Feuer wieder brannte, breitete mein Sohn die Zeitung auf dem Teppich aus und studierte das Fernsehprogramm.

Thermal runzelte die Stirn, trat ungeduldig von einer Pfote auf die andere und räusperte sich.

Nick blickte auf. «Oh, entschuldige. Das hatte ich ganz vergessen.»

Er tätschelte dem kleinen Kater den Kopf, nahm den Mittelteil der Zeitung heraus und legte ihn neben sich.

«Da, alter Junge. Pflanz dich hin.»

Nach dem Essen machten wir eine Flasche auf und schwatzten bis in die frühen Morgenstunden. Thermal war todmüde und schlief auf Aileens Brust, die – wie er entdeckt hatte – im Gegensatz zu Nicks und meiner einen Spezialvorbau hatte, der verhinderte, daß er herunterrutschte.

Er erwachte, als wir schläfrig wurden, und sah sehnsüchtig zum nächsten Blumentopf.

«Kommt nicht in Frage.» Ich nahm ihn auf den Arm und trug ihn zum Rhabarberbeet hinaus. Die nächtliche Kälte spürte ich erst, als ich die unterste Treppenstufe erreichte. Gras und Büsche im Garten waren bereift, und ich entschuldigte mich bei Thermal, als ich ihn unter einem Rhabarberblatt deponierte.

«Tut mir in der Seele leid.»

Er strafte mich mit Nichtachtung, also überließ ich ihn seinen Geschäften und verbrachte die nächsten paar Minuten mit dem Bemühen, einem Brummer von einem schwarzen Kater klarzumachen, daß dies kein öffentlicher Park war. Dann wandte ich mich wieder dem Rhabarberbeet zu.

«Den Burschen hättest du sehen sollen, Thermal! Der war zehnmal so groß wie du.»

Keine Antwort.

«Du kannst schon rauskommen. Er ist weg.»

Ich konnte ihn nirgends entdecken. Wir hatten Vollmond, und als ich ihn die Treppe heruntergetragen hatte, hatte sein weißes Fell förmlich geleuchtet.

«Thermal?»

Wo konnte er sein? Er war nicht an mir vorübergekommen. Ich suchte das ganze Rhabarberbeet ab und ging die ganze Hecke entlang – nirgends eine Spur von ihm. Der Husten fiel mir ein.

«Hrrmp!»

Ich hustete mich durch den ganzen Garten und wieder zurück zur Lücke in der Hecke. Er mußte zu Patrick hinübergeschlüpft sein. Wahrscheinlich hockte er wieder auf seinem Eimer. Einen anderen Weg aus unserem Garten hinaus gab es nicht.

Ich würde außen herumgehen müssen – durch die Pforte, die Gasse hinunter und dann zu Patrick hinein. Ich konnte nur hoffen, daß er sein Tor nicht abgeschlossen hatte.

Ich tappte durch den Garten zur Pforte. Es war eine schwere Holztür in einer dunklen Steinmauer, und sie stand weit offen. Niemals ließen wir sie offen – das mußte der Zeitungsjunge gewesen sein, der am Abend den *Examiner* gebracht hatte.

«Thermal! Komm, Thermal, sei lieb und komm jetzt heim.»

Draußen auf der Gasse schien es aus irgendeinem Grund dunkler zu sein. Das Licht aus den Fenstern reichte nicht bis hierher.

Er konnte überall sein, und ich hatte das bedrükkende Gefühl, daß ich ihn nie wiedersehen würde.

8

Ich saß auf der Mauer des West-Indian-Club und versuchte mir vorzustellen, wie sich mir die Welt zeigen würde, wenn ich nur fünfzehn Zentimeter groß wäre. Wohin würde ich gehen, wenn ich nur so groß wäre?

Nick, der über eins achtzig ist, stieg die schmalen Stufen vom Park herauf in die trübe erleuchtete kleine Straße und schüttelte den Kopf.

«Es ist sinnlos.»

Wir suchten jetzt schon seit zwei Stunden und hatten ein ganzes Heer von Katzen aufgescheucht. Manche hatten in verlassenen Nebengebäuden geschlafen und waren in Panik geraten, als sie uns gehört hatten. Andere waren hellwach und voller Mißtrauen gewesen. Sie hatten uns feindselig angefaucht.

«Heute nacht finden wir ihn bestimmt nicht mehr.»

Er hatte recht. Auf dem Rückweg zum Haus leuchteten wir mit unseren Taschenlampen in dunkle Winkel, stießen Gartentore auf, an denen wir vorüberkamen, lauschten dem Dröhnen des Verkehrs auf der Hauptstraße, die keine fünfzig Meter entfernt war.

Dort hatten wir zuerst gesucht – im Rinnstein. Immer sucht man zuerst im Rinnstein. Katzen fliegen zur Seite, wenn sie von einem Auto angefahren werden – sie sind sehr ordentliche Tiere.

Wir entdeckten drei weiße Papiertüten, die wir aus der Ferne für ihn hielten, und eine Hamburger-Schachtel von McDonald's, die selbst auf wenige Schritte Entfernung nur er sein konnte.

«Morgen früh ist er wieder da, glaub's mir.»

Aileen stand auf dem Balkon und pfiff. Sie kann pfeifen, daß es einen aus den Schuhen hebt. Die Katzen aus den umliegenden Dörfern hielten sich die Ohren zu und verfaßten Beschwerdebriefe an die Abendzeitung. Die Ortsansässigen strömten in Scharen herbei, um sich persönlich zu beschweren.

Sie liefen davon, als Nick und ich die Pforte aufstießen. Aileen hatte sie nicht kommen sehen und sah sie auch nicht verschwinden. Meistens ging sie mit ihrer Blindheit um, als handle es sich um eine leichte Erkältung, aber in solchen Momenten machte es ihr doch sehr zu schaffen, daß sie wie ein Kind brav zu Hause bleiben und auf die Großen warten mußte.

Am nächsten Morgen lief ich gleich nach dem Erwachen die Treppe hinunter, leise, um die anderen nicht zu wecken. Ich öffnete die Tür und eilte durch den Korridor. Ich konnte Thermal förmlich draußen auf der Treppe sitzen sehen.

«Er ist nicht da – ich hab schon nachgesehen», rief Nick aus der Küche.

Ich schaute trotzdem noch einmal nach, nur zur Sicherheit.

«Wahrscheinlich schläft er sich irgendwo aus», tröstete Nick mich, während er den Wassertopf füllte. «Er kommt bestimmt bald zurück.»

Wir hörten Aileen die Treppe heruntertappen, die Innentür öffnen, durch den schmalen Flur gehen.

«Er ist nicht da – ich hab schon nachgesehen», rief ich.

Sie schaute trotzdem noch einmal nach, nur zur Sicherheit.

In der Nacht, ganz in Dunkelheit gehüllt, hatte die Gasse etwas Bedrohliches gehabt, als hätte sie Ambitionen auf einen Platz in einem Schauerroman. Bei Tageslicht war zu sehen, daß sie sich für eine solche Rolle überhaupt nicht eignete.

In einer konzertierten Aktion durchsuchten wir Gärten und Nebengebäude. Jedes der alten Steinhäuser hatte mindestens einen Schuppen oder eine Garage, einige konnten sogar noch mit einem alten Klohäuschen im Garten dienen.

Nick und ich spähten durch halbblinde Fenster und rüttelten verstohlen wie Diebe an fremden Türen, von denen die meisten abgeschlossen waren. Aileen pfiff und hustete abwechselnd und lüftete die Deckel sämtlicher Mülltonnen. Aber Thermal blieb verschwunden, und schließlich traten wir entmutigt den Rückzug an, eine kleine geschlagene Schar.

Zuvor hatten wir unser Glück bereits im Park versucht und wie Treiber bei der Moorhuhnjagd in kurzer Kette die Anlagen durchgekämmt. Wir fanden lediglich einen alten Mann, der in einem Blumenbeet seinen Rausch ausschlief.

Auch in Patricks Garten war ich schon gewesen. Es war mir jetzt sehr arg, daß ich ihm seinen kleinen Kater abspenstig gemacht hatte; wäre ich nicht so egoistisch gewesen, dann wäre Thermal jetzt vielleicht noch da und weit besser gerüstet für das Dschungelleben. Ich hatte ihn ja entsetzlich verhätschelt.

Am Nachmittag mußte Nick wieder abreisen. Aber wenigstens würde er die drei kommenden Wochenenden vor seinem Rückflug nach Dubai bei uns verbringen.

Nachdem wir uns von ihm verabschiedet hatten, setzte ich mich hin und verfaßte eine Anzeige für die Zeitung. Ich bot eine kleine Belohnung für Thermals Rückgabe – und wenn Sie einsam sind und gern Menschen kennenlernen möchten, schlage ich vor, Sie versuchen es einmal mit dieser Methode.

Der kleine Junge hielt eine ingwerrote Katze im Arm. Entweder hatte er sie wochenlang darauf trainiert, erbarmungswürdig dreinzusehen, oder aber sie besaß eine natürliche Gabe, sich wie ein Häufchen Elend darzustellen.

«Ist er das?»

«Nein, tut mir leid. Mein Kater ist weiß.»

«Der hier hat auch ein bißchen Weiß drin.»

«Wo denn?»

Er drehte das Kätzchen um und musterte seinen Bauch. «Vorhin hab ich's noch gesehen.»

«Tja, aber unsere Katze ist das leider nicht.»

«Aber Sie könnten sie ja trotzdem kaufen. Sie können auch wählen – ich hab noch drei zu Hause.»

Das Mädchen war schon ein wenig älter. Dennoch hatte sie Mühe, die Gift und Galle speiende Tigerkatze zu bändigen, die sie in den Armen hielt. Das Tier war mindestens zehn Jahre alt.

«Sind Sie der Mann, dem der kleine Kater entlaufen ist?»

«Ja.»

«Ist er das vielleicht?»

«Nein. Das ist Ranji, Mr. Patels Kater. Wo hast du den denn gefunden?»

«Da drüben, in dem Garten an der Ecke.»

«Das ist Mr. Patels Garten.»

«Dann bring ich ihn lieber wieder zurück.»

«Ja, das halte ich auch für das beste.»

Das Telefon läutete pausenlos, und wir fuhren bis nach Lindley, um uns die Kandidaten anzusehen.

«Tut mir leid, das ist nicht unserer.»

«Ach, wie schön, dann kann ich ihn ohne schlechtes Gewissen behalten.»

Es waren Anrufe dabei, auf die wir gern verzichtet hätten.

«Hier gehen immer Katzenfänger rum, wissen Sie. Die verarbeiten die Felle. Sie machen Pelzmäntel draus und Handschuhe und so. Würde mich gar nicht wundern, wenn er gestohlen worden ist. Diese Kerle haben einen Lieferwagen, und da schmeißen sie die Katzen einfach hinten rein. Mein Sohn hat mir erzählt . . .»

Ich schaltete ab. Ich wollte nicht wissen, was ihr Sohn ihr erzählt hatte.

Aileen rief beim Tierschutzverein, im Tierheim und bei sämtlichen Tierärzten der näheren und weiteren Umgebung an. Ohne Erfolg. Aber Thermal konnte sich nicht einfach in Luft aufgelöst haben. Meine schlimmste Befürchtung war, daß er irgendwo in der Nähe in einem Haus oder Schuppen eingesperrt war. Vielleicht hatte er uns sogar rufen hören. Der Gedanke, daß er qualvoll verhungern würde, war mir grauenhaft.

Am Mittwoch morgen setzte ich ein Rundschreiben auf und wünschte, ich wäre früher auf den Gedanken gekommen.

«Haben Sie vielleicht versehentlich einen kleinen weißen Kater in Ihrer Garage oder Ihrem Schuppen eingesperrt? Er ist in der Nacht von Samstag auf Sonntag verschwunden. Würden Sie freundlicherweise einmal nachsehen?»

Ich fügte unsere Adresse und Telefonnummer hinzu und machte hundertfünfzig Kopien. Bis zum Mittagessen hatte ich hundertzweiunddreißig davon in den Briefkästen der Nachbarschaft verteilt. Und dann wartete ich – ungeduldig.

Die Reaktion war nicht gerade überwältigend, aber wir brauchten ja nur eine Antwort. Wir bekamen zwei.

Zuerst erschien ein junger Mann Anfang Zwanzig mit einer halbverhungerten Katze unter dem Arm. Sie war schwarz und sah aus wie von Motten zerfressen. Die Augen waren so glanzlos, daß sie wie erloschen wirkten.

«Das ist wohl nicht Ihrer?»

«Nein, leider nicht.»

«Ich konnte mich an Ihre Beschreibung nicht mehr erinnern. Ich hab den Zettel verloren. Aber gut, daß ich auf jeden Fall nachgesehen hab. Der arme Kerl muß mindestens eine Woche in meinem Schuppen gesessen haben. Ich hab ihn erst mal gefüttert.»

Er setzte die Katze nieder, und die erwachte plötzlich zu neuem Leben. Vom Balkon aus sahen wir sie durch den Garten flitzen. Sie sauste durch die Pforte und bog von der Gasse in Richtung zur Hauptstraße ab. Dort sah sie aufmerksam nach links und rechts, ehe sie über die Fahrbahn rannte und in einem Garten verschwand.

Der junge Mann lächelte. «Na, er scheint jedenfalls zu wissen, wo er hingehört.»

Ihm wenigstens hatte mein Rundschreiben geholfen.

Der zweite, der sich meldete, war Patrick, unser Nachbar. Er rief uns an.

«Ich sehe, euch ist ein junger weißer Kater entlaufen.»

«Ja – nimm's mir nicht übel.»

«Ich hab nachgesehen, aber hier ist er nicht.»
«Danke.»
«Ich hoffe, er taucht wieder auf.»
«Ja, das hoffen wir auch.»
Er war milde mit mir verfahren, und ich war ihm dankbar dafür.

Danach wurde es still. Es rief niemand mehr an, es kam niemand mehr vorbei, aber ich hielt immer noch nach ihm Ausschau. Es wurde mir zur zweiten Natur, durch Schuppenfenster zu spähen und fremde Tore aufzustoßen, wenn ich unterwegs war.

Nick kam zum Wochenende nach Hause und fuhr wieder ab. Aileen und ich arbeiteten fleißig an unseren Büchern, und das Leben ging wieder seinen normalen Gang, nur daß ich ungefähr jede halbe Stunde zur Hintertür marschierte, um nachzusehen, ob nicht vielleicht Thermal unangemeldet nach Hause gekommen war.

«Du hättest ihm einen Schlüssel geben sollen», bemerkte Aileen. Aber wenn ich mich zu meinem Inspektionsgang auch nur fünf Minuten verspätete, war sie es, die zur Hintertür ging und pfiff, daß mir fast das Trommelfell platzte.

Das Katzenklo hatten wir in den Keller gebracht, um nicht ständig an ihn erinnert zu werden. Die Küche war plötzlich wieder viel größer.

Eines Morgens, als ich den Küchenschrank öffnete, sah ich, daß alle Whiskas-Vorräte verschwunden waren.

«Ich hab die Dosen Mrs. Barraclough gegeben. Sie hat sie für ihren Arnold mitgenommen.»

Aileen glaubte, alle Erinnerungen getilgt zu haben, aber am Abend nach Thermals Verschwinden war ich auf die Rosine getreten, die, in Meditation versunken, auf dem Teppich in meinem Arbeitszimmer gesessen hatte. Ich hob sie auf, entschuldigte mich bei ihr und brachte sie wieder einigermaßen in Form. Jetzt lag sie zur Rekonvaleszenz in einer Streichholzschachtel auf meinem Schreibtisch.

Bei einem unserer nächsten Einkäufe im Supermarkt schmuggelte ich eine Dose Whiskas in unseren Wagen. Man kann schließlich nie wissen – manchmal geschehen ja doch noch Wunder.

Zu Hause nahm Aileen die Dose aus der Tüte und schnupperte daran, während sie versuchte, das Etikett zu entziffern.

«Was ist das?»

«Corned beef – nur damit wir im Notfall was im Haus haben.»

«Ah ja.»

Ich stellte die Dose ins oberste Fach und hoffte, sie würde nicht plötzlich Appetit auf Corned beef bekommen, wenn ich außer Haus war.

An seinem letzten Abend in England führten wir Nick zum Essen ins Lodge Hotel in Birkby. Dort kochen sie das Essen tatsächlich noch selbst, eine angenehme Abwechslung für uns, die wir uns ausschließlich vom Supermarkt versorgen lassen.

Nick mußte morgens um fünf am Flughafen von Manchester sein, und wir blieben fast die ganze Nacht auf. Es war nach zwei, als Aileen der Kopf auf die Brust sank.

«Sie sollte ins Bett, Dad. Ich mach hier unten im Sessel noch ein Nickerchen und geh dann, wenn's Zeit ist. Wir können uns gleich jetzt verabschieden.»

Darüber verging eine weitere Stunde, dann schleppten Aileen und ich uns nach oben. Nick hatte es sich im

Sessel im Arbeitszimmer bequem gemacht, und da ich ihn kannte, beschloß ich wach zu bleiben, damit er nicht etwa verschlief.

Ich war innerhalb von Sekunden eingeschlafen, und als ich irgendwann aus dem Schlaf hochfuhr, sah ich verschwommen eine hochgewachsene Gestalt an meinem Bett stehen. Es war noch finster, und ich war schlaftrunken, aber die Stimme erkannte ich sofort.

«Ich habe dir einen Freund mitgebracht.»

Ich knipste die Nachttischlampe an, Nick beugte sich herunter und setzte mir ein ramponiertes kleines Kätzchen auf die Brust. Das ernsthafte Gesichtchen sah aus wie in großer Kriegsbemalung, und das Fell war mit Öl- und Schmierflecken gesprenkelt wie ein Tarnanzug.

«Thermal?»

Der kleine Kater kam torkelnd einen Schritt näher und fiel um. Ich nahm ihn zwischen beide Hände, um ihm aufzuhelfen, und meine Finger wären durch seinen abgemagerten Körper hindurch beinahe aneinandergestoßen.

«Wo bist du denn gewesen?»

Sein kleiner Motor setzte mit einem Schnurren ein, das weit kräftiger war als er selbst. Ab und zu hatte er einen Aussetzer, als wäre er nicht richtig eingestellt, aber er hielt ihn mit reiner Begeisterung am Laufen.

Von meinen Händen gestützt, kam er noch einen Schritt näher und berührte mit seiner Stirn sachte die meine. Dann gaben seine Beine nach, und er fiel in einem scheckigen Häufchen Haut und Knochen unter meinem Kinn zusammen.

Aileen kämpfte sich aus den Tiefen des Schlafs empor.

«Thermal ist wieder da, Liebes – er ist heimgekommen.»

Sie brauchte noch ein wenig Zeit, darum wandte ich mich Nick zu, der wie ein mildtätiger Weihnachtsmann auf die Szene hinuntersah.

«Wo hast du ihn gefunden?»

«Ich brachte meine Koffer zum Auto, schaltete den Motor ein und dann die Scheinwerfer, und da war er plötzlich. Er lag völlig erschöpft mitten auf der Straße. Er war auf dem Heimweg, aber ich glaube nicht, daß er es geschafft hätte. Er konnte nicht mal mehr aufstehen.»

Der kleine Kater war eingeschlafen, aber er erwachte, als Aileen nach ihm tastete und dann ihre Hand auf seinen Körper legte.

«Ist es Thermal?»

«Ja. Nick hat ihn gefunden.»

«Er ist so dünn. Er muß völlig ausgehungert sein.»

Der kleine Kater hob den Kopf und stieß ihn fest gegen ihre Hand. Das war doch die nette Frau, die dauernd über ihn stolperte.

«Komm, Schatz, machen wir dir erst mal was zu fressen.»

Ein ausgezeichneter Gedanke. Er war genau einen Monat verschwunden gewesen.

9

So schnell wie selten lief Aileen die Treppe hinunter und war sogar noch vor Nick in der Küche. Ich folgte gemessenereren Schritts mit Thermal in den Armen. Sein Schulterblatt bohrte sich wie ein Kleiderbügel durch sein Fell in meine Hand.

Die Milchflaschen klirrten, als Aileen den Kühlschrank öffnete. «Ach, Nick, da oben im Schrank, im obersten Fach, steht eine Dose Whiskas. Kannst du mir die runterholen? Ich reiche nicht hinauf.»

Wieso hatte ich mir eigentlich eingebildet, sie täuschen zu können? Sie konnte nicht sehen – aber sie durchschaute mich mit Leichtigkeit.

Thermal konnten wir beinahe durchschauen, im wörtlichen Sinn. Das verfilzte Fell schlotterte ihm um die spitzen Knochen wie ein viel zu großer Pelzmantel aus der Mottenkiste. Sein Schwanz, den man auch in seinen besten Zeiten nicht als buschig hatte bezeichnen können, hing wie ein schlaffes Ende Bindfaden über meinen Ellbogen.

Während Nick die Dose aus dem Schrank holte, goß Aileen etwas Milch in eine Untertasse und hielt sie Thermal unter die Nase. Er schnupperte und tauchte einmal lustlos seine Zunge ein, als wäre ihm alles zuviel.

«Komm, Schatz, versuch's noch mal.»

Ich senkte meinen Arm, so daß sein Kopf direkt über der Untertasse hing. Er begann zu lecken, sehr langsam zuerst, dann, als die Milch seine ausgetrocknete Kehle befeuchtete, mit zunehmender Geschwindigkeit.

Er legte sich in meinem Arm zurecht, so daß sein Kopf nicht mehr seitlich herabhing, und ging das Stück Arbeit auf professionellere Art an. Wir lächelten alle drei selig, und Thermal rülpste laut, und wir lächelten wieder.

«Ich muß los», meinte Nick, ohne sich zu rühren. «Sonst verpasse ich noch meine Maschine.»

«Ja, geh nur», sagte ich zerstreut. «Du darfst dich nicht verspäten.»

«Auf keinen Fall», stimmte Aileen zu und wischte sich die Milchspritzer mit einem Topflappen von der Hand.

Wir waren gebannt vom Anblick der kleinen rosigen Zunge, die durch die Untertasse flitzte.

«Ein paar Minuten warte ich noch. Ich möchte doch sehen, ob er was frißt.»

Er nahm den Dosenöffner. Thermal stellte sofort die Ohren auf, als der Öffner sich in den Dosendeckel bohrte. Das war sein Lieblingsgeräusch. Aileen legte einen kleinen Happen auf die Untertasse und schob sie ihm unter das Näschen.

Sehr müde, kaum fähig, den Kopf zu heben, begann er zu knabbern, aber als er sich langsam zur Mitte vorarbeitete und die Whiskashäppchen in seinen leeren Magen rutschten, wurde er wacher, und seine Ohren zuckten, jedes nach seinem eigenen Willen – das war sein typisches Merkmal und ein sehr gutes Zeichen.

Aileen gab frisches Whiskas auf die Untertasse, etwas mehr diesmal, und Thermal versuchte, sich aus meiner Umarmung zu winden.

Ich setzte ihn auf den Boden, und er legte los. Zehn Minuten später hatte er die ganze Dose aufgefuttert und versuchte ein Strecken des Wohlbehagens. Aber dazu reichte seine Kraft noch nicht ganz. Er geriet ins Wanken und kippte um.

«Ich denke, wir bekommen ihn wieder auf die Beine», sagte Aileen. Sie hob ihn hoch und drückte ihn fest an sich. «Wenn er nicht in der Nacht explodiert.»

Wir machten ihm ein Nest in der Daunendecke, und er schlief zwischen uns. Wir schliefen nicht – jedenfalls nicht gleich. Das Morgenlicht sickerte schon durch die Fenster, aber wir gönnten uns bei einer letzten Tasse Tee und einer Zigarette einige langersehnte Minuten stiller Katzenbetrachtung.

«Er hat mir richtig gefehlt.»

«Mir auch», murmelte Aileen, beide Hände um die warme Teetasse gelegt.

«Eigentlich verrückt, nicht?»

«Wieso?»

«Na, sieh ihn dir doch an.»

Er sah aus wie eine Figur aus einem von Dickens' Büchern – wie ein kleiner Gassenjunge. Sein Fell war ihm viel zu groß geworden, und es starrte vor Schmutz. Er mußte irgendwo in einer Garage eingesperrt gewesen sein – Öl und Schmiere lagen nicht nur oberflächlich auf seinem Fell, sie hatten sich richtig hineingesetzt.

So wie seine Pfoten aussahen, hätte man meinen können, er hätte den ganzen vergangenen Monat nichts anderes getan, als Zündkerzen ausgewechselt, und um sein kleines Maul herum war er so verschmiert, daß man annehmen mußte, er habe mit der Zeit Geschmack an dem Zeug entwickelt.

«Er sieht aus wie ein kleiner Automechaniker», sagte Aileen. Sie beugte sich vor und bedeckte ihn mit der Hand. Aus der warmen Mulde stieg sogleich ein tiefes, volltönendes Schnurren auf.

Wir hätten ihm ein Tuch unterlegen sollen. Die Daunendecke würde nie wieder die alte sein.

«Mich erinnert er an die Pfeifenreiniger meines Vaters – einfach widerlich waren die.» Ich schaltete die Nachttischlampe aus, und wir streckten uns aus.

«Er ist zum Fressen, nicht?»

«Ja.»

Am nächsten Morgen rief ich als erstes beim Tierarzt an.

«Wie verhält er sich denn?» fragte er.

«Er liegt jetzt auf dem Bett und ratzt.»

«Das ist das allerbeste für ihn. Er weiß schon, was ihm guttut. Das sind zähe kleine Burschen. Kommen Sie mit ihm vorbei, wenn er sich ausgeschlafen hat.»

«Gut.»

«Nur eines noch.»

«Ja?»

«Geben Sie ihm nicht gleich zuviel zu fressen – lieber wenig und öfter. Aber das versteht sich ja von selbst.»

«Natürlich.»

Ich legte auf und rannte nach oben, um zu sehen, ob er wirklich schlief oder ob wir ihn umgebracht hatten.

Er war aufgestanden und hatte sich nach uns auf die Suche gemacht, aber die Treppe muß ihm so bedrohlich erschienen sein wie die Eigernordwand. Er hatte darum seine Zelte auf der obersten Stufe aufgeschlagen und sich dort zusammengerollt.

Er schlief fest, riskierte aber ein Auge, als ich ihn

nach unten trug. Ich setzte ihn auf den Teppich vor dem offenen Kamin, und dort verschlief er den Nachmittag, während ich an meinem Buch arbeitete.

Die Arbeit ging uns beiden gut von der Hand. Als Aileen zur Teezeit nach Hause kam, hatte ich vier Seiten geschafft. Thermal hatte derweilen mindestens ein Dutzend der gängigsten Schlafpositionen durchprobiert und seinem Repertoire drei weitere hinzugefügt, die außerhalb der Manege noch nie versucht worden waren.

«Wir sind zu Hause.»

Aileen stand mit Paketen und Tragtüten beladen im Korridor. Weihnachten rückte näher, und ein erster Hauch von Festesfreude begleitete sie, als sie langsam mit ihren bunten, raschelnden Päckchen und Tüten durch den Flur kam.

Ich zog ihr Kartons unter den Armen heraus und löste Henkel von Tüten aus ihren steifen Fingern.

«Da darfst du nicht reinschauen.»

«Für den Heimwerker» stand auf der großen Tüte, und ich bemühte mich, kein enttäuschtes Gesicht zu machen. Im Heim ließ ich am liebsten andere werkeln.

«Wo ist Anna?»

«Sie kommt gleich. Mit dem Rest.»

Anna war eines Tages als Steuerberaterin in unser Leben getreten. Seitdem war sie außerdem Einkaufsberaterin, Modeberaterin und Freundin geworden. Sie war jung und sehr hübsch und verdammt autoritär.

Völlig verdeckt von einem Rieseniglu, der in der Mitte durchgeschnitten und mit Pelz gefüttert war, kam sie die Treppe herauf.

«Was zum Teufel ist denn das?»

«Ein Katzenbett. Für Thermal.»

Aileen und ich machten es uns auf dem Teppich gemütlich und tranken Tee, während wir Thermal beobachteten, der im Schlaf strampelte und zuckte. Wenigstens schien er schon wieder soweit bei Kräften zu sein, daß er die Schrecknisse des vergangenen Monats im Traum verarbeiten konnte. Manchmal warf eine stärkere Schockwelle ihn buchstäblich über den Teppich, und ab und zu wurden seine Zuckungen von einem kläglichen Wimmern begleitet, das uns fast das Herz zerriß.

Eine dieser Schockwellen trieb ihn schließlich auf die Beine. Schwankend versuchte er, klaren Kopf zu bekommen und zu begreifen, was soeben geschehen war. Einen Moment lang rührte er sich überhaupt nicht, stand mit hängendem Kopf wie ein ausgehungerter kleiner Esel da, der darauf wartet, ins Tierasyl geführt zu werden.

Zwei kurze Schritte brachten ihn zum Kamin, und da begann er, die Steineinfassung abzulecken. Fasziniert und erschrocken sahen wir zu, wie seine Zunge systematisch von Stein zu Stein wanderte und er immer wieder den Kopf schief legte, um die waagrecht verlaufenden Mörtelfugen mit einem einzigen langen Schwung ablecken zu können.

Er war immer noch in der Garage oder wo er sonst eingesperrt gewesen war, und so hatte er überlebt: indem er die Feuchtigkeit von den Wänden geleckt und an Protein aufgenommen hatte, was zu bekommen war.

Schließlich gelangte er zu dem in den Kamin eingebauten Lautsprecher und hielt verdutzt inne. Den hatte er vorher noch nie gesehen.

«Was ist?» fragte Aileen. «Was tut er?»

Ihre Stimme erschreckte ihn, und er drückte sich

flach auf den Boden. Als er dann den Kopf drehte, sah er uns und setzte sich in Positur wie ein steinerner Löwe. Seine Augen blitzten hellwach.

Aber dann erloschen sie wieder. Er traute ihnen nicht. Er ließ sich wieder niedersinken, bis sein Kinn platt auf dem Boden lag, und beobachtete uns, als glaube er nicht, daß wir tatsächlich da seien.

«Ist ja gut, Thermal. Du bist wieder zu Hause.»

Ich ging zu ihm und nahm ihn hoch. Eine Weile lag er in meinen Armen, ohne sich zu rühren. Dann fühlte ich, wie seine Krallen durch meinen Pullover bohrten und meine Haut berührten.

«Du bist hier ganz sicher.»

Ich streichelte ihn behutsam, und er robbte ein wenig aufwärts und schob sein Köpfchen unter mein Kinn.

Als Vorspeise wählte er Fleischpaste. Als Hauptgericht nahm er zwei Portionen Truthahn – zum Teufel mit dem Tierarzt, was wußte der schon!

Vernünftig, wie er war, lehnte er den Schokoladenpudding dankend ab und beschloß das Mahl lieber mit ein paar Tropfen Milch und warmem Wasser.

Da er sich nicht anerbot, das Geschirr zu spülen, übernahm ich diesen Job und hatte die Hände gerade ins warme Seifenwasser getaucht, als mir sein Katzenklo einfiel. Das würde er jetzt vielleicht brauchen. Ich trocknete mir die Hände und holte es aus dem Keller herauf.

Der Pelziglu stand so hölzern und verlegen, als wüßte er nicht, was er mit sich anfangen sollte, im Korridor. Das Außenmaterial war in einem blassen Blau gehalten; der Pelz jedoch hatte dieses leuchtende Blau, das bei Rummelplatz-Teddybären besonders beliebt ist. Es paßte nicht zu einem einzigen Möbelstück im Haus – Gott sei Dank.

Ich trug das Ding in Aileens Arbeitszimmer und stellte es vor ihr nieder.

«Mal sehen, ob er sich dafür erwärmen kann.»

«O ja. Komm, Thermal, schau mal!»

Er schaute, und im ersten Moment glaubte er, sie wären gekommen, um ihn abzuholen. Ich schob es über den Teppich zu ihm hin. Er wich zurück und wünschte, er wäre wieder in seiner Garage.

Nach einer Weile jedoch, als es keinerlei Anstalten gemacht hatte, ihn anzugreifen und ihm langsam klar wurde, was für ein albernes Ding es war, trat er näher und beschnupperte es gründlich.

«Was für eine Farbe hat es?» fragte Aileen. «Ist es blau?»

«Ja – ich hab in meinem Leben selten so was Blaues gesehen.»

«Der Teppich ist grün, nicht?»

«Ja.»

«Na ja – grün und blau ist vielleicht gar nicht so übel. Heutzutage mögen die Leute so gewagte Farbenzusammenstellungen.»

«Da hast du recht», stimmte ich zu und nahm mir vor, Anna gehörig ins Gebet zu nehmen, wenn ich sie das nächste Mal sah.

Thermal hatte mittlerweile seine Unternehmungslust wiedergefunden und versuchte, in seinen Iglu hineinzuklettern. Ich war stolz auf ihn und gab ihm Hilfestellung.

Drinnen drehte er sich ein paarmal um die eigene Achse, dann setzte er sich, unschlüssig, was er von diesem Kokon aus Kunstpelz halten sollte. Er hatte die Wahl zwischen Geschmack und Komfort, und ich kannte meinen Thermal – er war ein Kater mit gesundem Urteil, der instinktiv wußte, was für ihn richtig war. Das hatte er von mir übernommen.

Noch einmal drehte er sich im Kreis, dann ließ er sich aufseufzend zum Schlaf nieder, und sein schmutzverschmierter kleiner Körper versank in blauem Nylonflor.

10

Am Mittwoch morgen kam Mrs. Crampton zum Reinemachen, und der Tag war noch nicht um, da schwor ich mir bereits, daß eines baldigen Tages ich mit ihr reinen Tisch machen würde. Für immer. Sie staubsaugte hier und sie staubsaugte dort, sie polierte hier und sie polierte dort, und hier und dort und überall verbreitete sie nichts als Ungemütlichkeit.

Es war erst ihre dritte Woche, aber ich kannte sie bereits eine Ewigkeit.

«Wir müssen sie abservieren.»

«Das geht doch nicht, solange sie in dieser Depression steckt.»

Mrs. Crampton steckte seit dem 21. Dezember 1982 in «dieser Depression». An jenem denkwürdigen Abend um halb zwölf hatte ihr Mann Harold ihr eröffnet, daß die Fleischpasteten, die sie im Delikatessengeschäft gekauft hatte, viel besser waren als ihre selbstgemachten. So etwas trifft einen natürlich, wenn man sich ein Leben lang eingebildet hat, eine gute Köchin zu sein, aber als Basis für eine fünfjährige Depression ist es denn doch nicht ausreichend.

Erst im folgenden März hatte sie zum ersten Mal wieder das Wort an ihn gerichtet. Es folgte ein Waffenstillstand, der auf unsicheren Füßen stand und von dem

Wissen überschattet war, daß es niemals wieder so werden würde, wie es einst gewesen war. Jetzt, da der fünfte Jahrestag des schmerzlichen Ereignisses näher rückte, brannte die Erinnerung mit um so stärkerer Flamme, und in den vergangenen zwei Wochen hatte ich über Harold, Fleischpasteten und Mrs. Crampton mehr zu hören bekommen, als ich je hatte wissen wollen.

Aileen wollte den Weihnachtsbaum in diesem Jahr unbedingt im Korridor aufstellen. «Und wir legen alle unsere Geschenke darunter.»

Thermal fand die Idee großartig. Seit seiner glücklichen Heimkehr hatte ich ihn zu regelmäßigen Spaziergängen in den Garten geführt, um ihn mit seiner unmittelbaren Umgebung vertraut zu machen, und er liebte die Bäume dort draußen. Er schärfte seine Krallen an ihrer Rinde, er kletterte an ihnen hoch und fiel von ihnen herunter, er fand sie einfach überwältigend.

Während wir den Baum aufstellten, strich er mir begeistert und dankbar um die Beine. Aber ich raubte ihm bald seine Illusionen. Ich hob ihn hoch und machte ihm mit strengen Worten klar, daß der Baum nicht für ihn gedacht war und er sich ihm gefälligst fernzuhalten habe.

«Es hat doch keinen Sinn, ihm das zu sagen», meinte Aileen. «Du kennst ihn doch.»

«Er versteht mehr, als du glaubst.»

Thermal nickte zustimmend. Er erreichte langsam das Alter, in dem man Verantwortungsbewußtsein von ihm erwarten konnte – er war kein Baby mehr.

Sie hob ihn hoch und drückte ihn. «Er ist doch noch ein Baby.»

Er kuschelte seinen Kopf unter ihr Kinn und schob

seine Nase unter ihren Pullover. Ein Baby zu sein, hatte auch seine Vorteile – vielleicht würde er es sich noch ein paar Jährchen gefallen lassen.

Wir hatten gerade den Christbaumschmuck ausgepackt, als eine regennasse Mrs. Crampton erschien. Aileen versuchte in ihrem Arbeitszimmer einen Satz elektrischer Kerzen zu entwirren, und ich plagte mich damit ab, den gebrochenen Flügel eines Engels zu schienen. Thermal hatte sich mit der einbeinigen Fee unter den Teewagen verzogen und trieb seine ungezogenen Spiele mit ihr.

Mrs. Crampton zog ihren nassen Mantel aus und warf ihn über den Telefontisch.

«Da werden wir hinterher überall Nadeln haben», maulte sie, während sie einen Laib Brot unter ihren Mantel schob. «Und ich weiß auch, wer sie aufsaugen muß.»

«Er ist aus Plastik», sagte ich. «Es ist ein künstlicher Baum.»

«Die sind auch nicht besser», versetzte sie kurz und marschierte im Stechschritt in die Küche.

Thermal schob beim Klang der fremden Stimme erschrocken den Kopf unter dem Teewagen hervor. Ich beruhigte ihn. «Das ist Mrs. Crampton. Du hast sie noch nicht kennengelernt.»

«Ich kann Sie nicht verstehen», schrie Mrs. Crampton aus der Küche. «Sie müssen schon herkommen, wenn Sie – um Gottes willen, was ist denn das?» Mit entsetzt aufgerissenen Augen starrte sie zum Katzenklo hinunter.

«Das ist für die Katze.»

«Sie haben doch gar keine Katze.»

«Doch, wir haben eine.»

«Ich hab nie eine gesehen.»

Da spazierte Thermal in die Küche. Bei seinem Anblick beruhigte sie sich etwas. Angesichts der Größe des Katzenklos hatte sie wohl geargwöhnt, wir hätten einen unterentwickelten Leoparden im Haus.

«Er ist uns entlaufen, bevor Sie bei uns anfingen», erklärte ich ihr. «Am Wochenende ist er wieder heimgekommen.»

Sie stellte sich mit verschränkten Armen hin und inspizierte ihn. Das Fell schlotterte ihm immer noch schlaff und faltig um den mageren Körper. Öl und Schmiere hatte er mit viel Lecken und Putzen mittlerweile so gleichmäßig verteilt, daß er aussah wie die graue Eminenz.

«Ich kann Katzen auf den Tod nicht leiden», sagte sie. «Die lassen überall Haare. In einem Haus mit einer Katze kann ich nicht putzen.»

Ich bemühte mich, ihn ihr vom Leibe zu halten, aber es war beinahe so, als legte sie es darauf an, mit ihm zusammenzustoßen. Er brauchte immer noch viel Ruhe, aber kaum hatte er sich vor irgendeinem Heizkörper zusammengerollt, stampfte Mrs. Crampton herein, und ehe er wußte, wie ihm geschah, hing er schon an der Staubsaugerdüse, auf dem besten Weg, Schwanz voraus im Beutel zu landen.

Außerdem zog sie über ihn her. Ungefähr alle zehn Minuten stürmte sie mit einem Kissen oder einem Polster unter dem Arm in mein Büro. «Schauen Sie sich das an! Diese Katzenhaare überall! Einfach ekelhaft. Sie sollten das Vieh nicht auf die Möbel lassen.»

Ich holte Thermal zu mir ins Büro, um weitere Rencontres zu verhindern, und er hockte sich brav auf meinen Schreibtisch und sah mir beim Tippen zu. Mir fiel ein, wie er auf eben diesem Platz mit seiner Freundin, der Rosine, gesessen hatte.

«He, ich habe eine Überraschung für dich. Na, was sagst du nun?»

Ich nahm die Streichholzschachtel und schob sie ganz langsam auf. Er steckte die Nase hinein und schnupperte. Ich drehte die Schachtel herum, und die Rosine fiel heraus. Die Ruhe schien bei der verschrumpelten kleinen Weinbeere Wunder gewirkt zu haben. Rund und frisch hockte sie auf meiner Löschunterlage. Ihr schien es besser ergangen zu sein als Thermal, der immer noch schmal und blaß aussah.

Sie waren entzückt über das Wiedersehen und hopsten vergnügt über den ganzen Schreibtisch – Thermal der verspielte kleine Aggressor, die Rosine die verschreckte Unschuld. Wahrscheinlich hatten sie das Aileen und mir abgeguckt.

Es fiel mir schwer, mich beim Dröhnen des Staubsaugers, der draußen im Flur herumrumste, auf meine Arbeit zu konzentrieren. Mrs. Crampton hatte einen schlechten Einfluß auf den Staubsauger. Unter ihrer Führung machte er eine Persönlichkeitsveränderung durch und attackierte Türen und Sockelleisten.

Am Ende gab ich mich geschlagen und ging hinaus, um den Weihnachtsbaum fertigzuschmücken. Thermal und seine kleine Freundin kamen zur moralischen Unterstützung mit, aber zum Glück war Mrs. Crampton im Korridor bereits fertig und wütete jetzt im Wohnzimmer.

Aileen hatte sich mit einer Tasse Kaffee ins Badezimmer verzogen, um Radio Leeds zu hören. Da sie nicht gut genug sieht, um von Sender zu Sender zu schalten, hat sie in diversen Räumen Radioapparate verteilt, von denen jeder auf eine andere Frequenz eingestellt ist. Im Schlafzimmer gibt es den Weltfunk, und in ihrem Arbeitszimmer erquickt sie sich an den Programmen von Radio Four. Sie rennt viel im Haus herum.

An diesem Morgen kam sie nach zehnminütigem Tête-à-tête mit Martin Kellner aus dem Bad, ganz begierig darauf, die wesentlichen Fragen des Tages mit mir zu diskutieren.

«Eben hat sich im Radio eine Frau darüber beschwert, daß es bei den Weihnachtsgeschenken für Katzen an Abwechslung fehlt.»

«Das ist ja lächerlich.»

«Ja, nicht wahr?»

«Als gäbe es auf der Welt nichts Wichtigeres.»

«In die Klapsmühle gehören solche Leute.»

«Ja, der Meinung bin ich auch.»

Es geht doch nichts über eine blitzende intellektuelle Diskussion. Kein Wunder, daß Aileen ein befriedigtes Lächeln auf den Lippen hatte, als sie sich in ihr Arbeitszimmer zurückzog. Ich jedoch blieb mit einem Problem zurück. Wie sollte ich nach diesem Gespräch Thermal am Weihnachtsmorgen mein Geschenk, eine Dose Lachs, überreichen? Sie war schon festlich verpackt in ein Geschenkpapier mit einem niedlichen Muster, wie ich fand – lauter kleine Häschen mit Gummistiefeln und Zylinder –, und lag mit den zwei Tischtennisbällen, der Spielzeugmaus und einem Viertel Schnittlauch-Zwiebelkäse, den er so gern mochte, unter dem Weihnachtsbaum.

Ich würde einfach ein bißchen früher aufstehen müssen, dann konnten wir beide unsere Geschenke aufmachen, ehe wir Aileen ihren Morgentee brachten.

Ich trat ein paar Schritte zurück, um mein Werk zu bewundern. Ohne Zweifel besitze ich fürs Christbaumschmücken ein angeborenes Talent. Ich könnte mir mein Brot damit verdienen, wenn der Job nicht so saisonabhängig wäre.

Die einbeinige Fee lächelte von der obersten Spitze zu mir herab. Im letzten Jahr war der flügellahme Engel ganz oben gewesen, dieses Jahr war sie an der Reihe. Es ist nur gerecht, daß sie sich abwechseln.

Sie war ein wenig abgerutscht – das passiert einbeinigen Feen leicht einmal, weil sie ja keinen richtigen Halt finden. Man muß sie ab und zu ein bißchen zurechtrücken.

Ich stieg auf die Trittleiter, streckte den Arm nach ihr aus, und siehe da, sie bewegte sich – nicht stark, nur ein Dreh mit dem Kopf und ein Schwenk mit dem Stab, aber es genügte. Ich zog hastig die Hand zurück.

Sie bewegte sich wieder. Diesmal drehte sie eine perfekte Pirouette, und als sie halb herum war, verneigte sie sich mit dem Rücken zu mir und lüpfte ihren Rock. Ganz langsam schwebte sie in die Höhe, bis sie beinahe den Weihnachtsbaum überragte. Direkt unter ihr raschelte ein Zweig. Ich beugte mich vor, spähte ins Grün und sah – einen kleinen schmutzgrauen Kater, der in den Ästen hing.

Schwer zu sagen, wer von uns beiden verdutzter war. Er wahrscheinlich – er bedachte mich mit einem verlegenen Grinsen, das sich zur verlegenen Grimasse wandelte, als der Baum ins Wanken geriet und sich langsam seitwärts neigte.

Die Trittleiter wurde mitgerissen, und wir stürzten gemeinsam, Seite an Seite, und zu allem Überfluß starrte mich während der ganzen Talfahrt auch noch dieser blöde kleine Kater an.

Ich schlug gegen das Fenstersims. Ich weiß nicht, wo Thermal landete – an irgendeiner harten Ecke, hoffte ich. Dann brach die Hölle los. Aus der einen Richtung kam Mrs. Crampton in den Korridor gestürzt, aus der anderen Aileen.

«Was ist passiert?»

«Er ist anscheinend übermütig geworden», antwortete Mrs. Crampton tief befriedigt.

Aileen kniete nieder und sprach in süßen Tönen zu einem Holzklotz. «Hast du dir weh getan?»

«Ich bin hier drüben», sagte ich, und sie kam zu mir.

«Hast du dir weh getan?»

«Nein, nein, es geht schon.» Ich schob mich seitlich unter dem Baum hervor. «Paß nur auf, daß du nicht –»

Irgendwo neben meinem linken Ohr knirschte es.

«– auf den Christbaumschmuck trittst.»

Überall lagen Kugeln. Zerbrochene Kugeln, angeknackte Kugeln, Kugeln, die in hundert Stücke zersprungen waren, und, auf Aileens Seite, Kugeln, die nur noch Pulver waren.

«Die Fee hier haben Sie auch kaputtgemacht», sagte Mrs. Crampton und bemühte sich vergeblich, ihre Genugtuung zu verbergen.

«Nein», entgegnete ich, «die hatte von Anfang an nur ein Bein.»

Ich fand Thermal im Badezimmer. Er hatte sich hinter der Toilette versteckt und kauerte klein und häßlich neben der Klobürste. Ein gutes Versteck, man konnte die beiden kaum voneinander unterscheiden.

«Ist ja nicht so schlimm. Du kannst wieder rauskommen.»

Zu dritt machten wir den Korridor sauber. Ich mußte den Baum wieder aufstellen und neu schmücken. Aileen schwang Besen und Schaufel. Mrs. Crampton fuhrwerkte unter unablässigem Geschimpf mit dem Staubsauger herum.

«Ich hab Ihnen ja gesagt, die machen nur Schmutz und Arbeit.»

«Aber es lohnt sich doch», meinte Aileen. «Wenn alles fertig ist.»

Mrs. Crampton sah sie erstaunt an. Auf den Gedanken war sie noch nie gekommen, und sie verschwand in der Toilette, um sich das durch den Kopf gehen zu lassen.

«Wenn du eine Rosine finden solltest», sagte ich zu Aileen, «heb sie auf. Sie gehört Thermal.»

«In Ordnung.» Sie steckte die Nase in die Kehrschaufel. «Ich paß auf.»

Wenn die Rosine sich noch in Hörweite befand, war ihr das sicher ein Trost.

Wir hatten gerade beschlossen, eine Teepause einzulegen, als Mrs. Crampton schrie. Sie schrie, wie man eben schreit, wenn man auf der Toilette sitzt und einem plötzlich eine Katze, von deren Anwesenheit man nichts ahnte, an den nackten Hintern langt.

«Das war's», kreischte sie. «Jetzt reicht's mir. Ich gehe. Und zwar für immer.»

Thermal flitzte hinter ihr aus dem Badezimmer.

«Das tut mir wirklich leid», sagte Aileen. «Ich kann verstehen, daß Sie erschrocken sind.»

«Ihnen ist Ihre Katze ja wichtiger als ich», beschwerte sich Mrs. Crampton.

Schweigen.

«Wenn Sie mir mein Geld geben – dann gch ich jetzt.»

Sie ging, und wir atmeten alle auf. Aileen setzte sich auf den Telefontisch.

«Sie wird gleich wieder da sein.»

«Wieso?»

«Ich sitze auf ihrem Brot.»

Ich versuchte, es wieder in Form zu bringen, und es sah beinahe wieder aus wie ein richtiger Laib Brot, als sie zurückkam, um es sich zu holen.

«Ich hab mir's nicht anders überlegt», trompetete sie, als sie hereinstürmte. «Ich hab nur mein –» Sie warf einen Blick in die Küche. «Was machen Sie denn da?»

Die Frage war verständlich. Wir hatten den gesamten Inhalt des Staubsaugerbeutels ausgeleert und auf Zeitungsblättern ausgebreitet. Aileen kroch auf der einen Seite auf allen vieren herum, und ich arbeitete mich von der anderen Seite zu ihr vor. Thermal hockte in der Mitte der Bescherung und wendete die Flusen, damit sie Luft bekamen.

«Wir suchen Thermals Rosine», erklärte ich.

11

Aileen schob ihren Teller weg und tastete vorsichtig nach ihrem Weinglas. Ich hatte den Truthahn à point gebraten, eine Stunde und zehn Minuten bei 250 Grad – genau nach Rezept. Sie lehnte sich zurück, zündete sich eine Zigarette an, und ich wartete auf die Lobeshymnen.

«Lies erst deins.»

«Gut.»

Ich griff mir die Zeitung und suchte das Horoskop heraus. Ich bin Schütze, und Schützen sind prachtvolle Menschen. Liebenswürdig, gütig, rücksichtsvoll, interessant – in finanziellen Dingen vielleicht ein wenig leichtsinnig, aber das macht uns nur um so liebenswerter. Es verletzt uns, wenn unsere Kochkünste nicht gewürdigt werden, aber wir machen deshalb kein Theater.

«Was steht bei mir?»

Ich las es ihr vor. Aileen ist Jungfrau, aber sie mogelt. Sie behauptet, ihr Aszendent sei Wassermann, und wenn ihr die Jungfrau-Prognosen nicht passen, versucht sie es statt dessen bei den Wassermännern. Was bei der Jungfrau stand, paßte ihr nicht.

«Eigentlich hab ich viel mehr vom Wassermann.»

Ich las ihr das Wassermann-Horoskop vor, ließ allerdings die Stelle aus, an der es hieß, die Wassermänner sollten Partner oder Partnerin, die gerade eine seltsame Phase durchmachten, genau im Auge behalten. Für die Wassermänner standen die Sterne ein wenig günstiger als für die Jungfrauen, aber nicht wesentlich.

«Das scheint kein besonders guter Astrologe zu sein.»

«Nein.» Wir Schützen machen nicht viel Aufhebens von den Dingen, darum machte ich sie nicht darauf aufmerksam, daß dieser Astrologe mich sehr gut beurteilt hatte, gerade auch mit seinem Hinweis auf meine geniale schöpferische Kraft.

Ich schob ihr den Aschenbecher hin und zog die Zukkerdose weg, um mir spätere Arbeit zu sparen. Der Ablauf ist jeden Tag nach dem Essen der gleiche: Geschirr spülen, Geschirr abtrocknen, Geschirr aufräumen – und dann, zum unerfreulichen Schluß, kleine schwarze Fitzelchen aus der Zuckerdose lesen.

Sie beugte sich vor und schnippte mit viel Sorgfalt die Asche ihrer Zigarette in ein Schälchen mit Nüssen.

«Was war das für ein Geräusch?»

«Ich hab nichts gehört.»

«Horch!»

Ich horchte und hörte lautes Knacken und Knirschen aus der Küche.

«Das ist Thermal. Der frißt.»

«Was frißt er denn?»

«Brekkies.»

«Komisch, daß die so laut sind. Ich kann ihn sonst nie hören.»

Das konnte ich normalerweise auch nicht, und nachdem ich die Nüsse ans andere Ende des Tisches geschoben und sicherheitshalber das Glas mit den Preißelbeeren zugeschraubt hatte, stand ich auf, um nach dem Rechten zu sehen.

Thermal verspeiste gerade seine dritte Christbaumkugel. Das Metallhütchen mit der Schlaufe für den Faden zum Aufhängen spie er aus und rülpste dann zufrieden.

«Was zum Teufel tust du da?»

Er sah mich kurz an, rülpste noch einmal und schlug dann mit der Pfote gelassen die nächste Kugel von einem der unteren Äste. Ich riß sie ihm weg und hob die Metallhütchen auf, die um ihn verstreut lagen.

«Die sind doch nicht zum Essen.»

Ich schwenkte die Kugel unter seiner Nase, und er leckte sich die Lippen.

«Die sind teuer. Die wachsen nicht an Bäumen, verstehst du!»

Er krauste verständnislos die Stirn. Ich sah schon, ich mußte es anders versuchen. Das beste war wahrscheinlich, vernünftig mit ihm zu reden, um ihn auf meine Seite zu bringen.

«Wenn du das noch einmal tust, dreh ich dir eigenhändig den Kragen um.»

Vernünftiges Zureden schien zu helfen. Er fixierte mich mit einem durchdringenden Blick und richtete sich dann zu voller Höhe auf, was allerdings in Anbetracht seiner Größe von gerade so zwanzig Zentimetern nicht allzu beeindruckend war. Dann machte er hochmütig kehrt und stolzierte ins Badezimmer.

«Da brauchst du gar nicht eingeschnappt zu sein», rief ich ihm nach, aber weil er überhaupt nicht reagierte, wandte ich meine Aufmerksamkeit dem Baum zu. Ich hängte alle Kugeln ein paar Stufen höher und befestigte die Kerzen auf den unteren Ästen, die in Katzenreichweite waren. Sollte er ruhig ab und zu eine Kerze lutschen, dagegen hatte ich nichts.

Ich brauchte ein paar Minuten, um die frühere Symmetrie der Anordnung wiederherzustellen; wenn ich die Kerzen auf den unteren Ästen hätte haben wollen, hätte ich sie gleich dahin gesetzt, aber schließlich sah es auch so ganz gut aus.

Während ich noch befriedigt vor dem Baum stand, hörte ich aus dem Badezimmer plötzlich merkwürdige Geräusche. Es klang, als holperte ein Schlitten in voller Fahrt einen buckligen Grashang hinunter. Da wir weder das eine noch das andere im Bad hatten, öffnete ich die Tür, und da stand Thermal auf dem Toilettensitz und knallte der Klosettrolle die Pfoten um die Ohren, daß die Fetzen flogen.

Die Rolle drehte sich mit atemberaubender Rasanz, und auf dem Boden häuften sich hundert oder mehr Blätter zerrissenen Toilettenpapiers.

«Jetzt reicht's aber wirklich!» Ich stürmte hinein. Er sah mich kommen, hielt inne und sah mich nur an. Ich blieb abrupt stehen. Dieser kleine Kater war mir fremd. Das war nicht der zärtliche kleine Schmeichler, den wir kannten und liebten. Dieser Kater, der da auf dem Toilettensitz stand, war kein gewöhnlicher kleiner Kater. Das war ein Kämpfer, bereit, es mit jedem aufzunehmen.

Einen Moment zögerte ich. Immer noch starrte er mich unerschrocken an. Als ich den nächsten Schritt machte, drehte er sich mit zuckendem Schweif ein klein wenig in meine Richtung.

Ich setzte mich auf den Badewannenrand und wartete. Seine Augen waren so blau wie das Meer und sein Blick hart wie Stahl. Nicht eine Sekunde ließ er mich unbeobachtet, während er sich auf die Vorderpfoten sinken ließ und dann leicht wie eine Feder vom Sitz sprang und auf dem Vorleger landete.

Herausfordernd schwang er die Hüften, als er gemächlich mit wiegendem Schritt und hocherhobenen Hauptes zur Tür stolzierte. Selbst sein kleines Hinterteil war in Alarmbereitschaft und schien als eine Art drittes Auge Dienst zu tun.

Als er den Wäscheschrank erreichte, drehte er den Kopf nach mir und verzog die Lippen zu einem höhnischen Grinsen.

Ich jagte ihn durch den ganzen Flur, zwei Treppen hinauf und zweimal durch den Korridor, ehe er ins hintere Gästezimmer flitzte und sich dort unter dem Bett versteckte.

Als ich am nächsten Morgen erwachte, lag er selig schlafend auf Aileens Brust, nicht meiner. In Ungnade zu sein, hat auch seine Vorteile. Ausnahmsweise einmal konnte ich in Ruhe frühstücken.

So um die vierte Tasse Tee herum ging mir die Milch aus. Als ich die Hintertür öffnete, um eine frisch gelieferte Flasche hereinzuholen, wünschte mir die schönste Schildpattkatze der Welt höflich guten Morgen und trat in den Flur.

Es war eine Katzendame, daran gab es keinen Zweifel. Bei Kaninchen habe ich Schwierigkeiten mit der Geschlechtsfeststellung – wir hatten einmal ein Kaninchen namens Ronald, das unter meinen Augen Drillingen das Leben schenkte –, und bei Kindern unter fünf gerate ich in Verwirrung, wenn sie nicht farblich – also hellblau oder rosa – gekennzeichnet sind. Diese Katze jedoch hatte einen Gang wie ein Mannequin, und sie trug ihren Pelz so lässig, wie andere Frauen um diese Morgenstunde ihre alten Jeans trugen.

Ich wünschte plötzlich, ich hätte das Haus saubergemacht oder wäre mir wenigstens mit dem Kamm durch die Haare gefahren. Am Fuß der Treppe blieb sie stehen und sah sich, eine Pfote elegant erhoben, aufmerksam um.

«Tut mir leid, daß es hier ausschaut wie in einer Räuberhöhle.»

Ihr Blick schweifte über mich hin, und sie verzieh mir. Solche Banalitäten waren ihr nicht wichtig. Sie schritt zur nächsten Tür und trat ins Wohnzimmer. Wir hatten eine Menge Geld in diesen Raum gesteckt und waren stolz auf ihn. Sie blickte sich um, als wollte sie sagen: Aus diesem Zimmer ließe sich etwas machen.

Sie war klein und zierlich, aber sie wirkte hochbeinig wie ein Fohlen. Meiner Schätzung nach war sie etwa ein Jahr alt, Eleganz und Selbstsicherheit jedoch verliehen ihr Reife.

Sie warf einen Blick in mein Büro und rümpfte die kleine Nase. Ich räume das Zimmer einmal im Jahr auf, wenn ich ein Buch fertiggeschrieben habe, und im Moment steckte ich noch mitten in der Arbeit an meinem nächsten Werk. Sie schenkte mir ein nachsichtiges Lächeln und ging weiter in Aileens Arbeitszimmer.

Dort besichtigte sie die Bücherregale, die beiden Schreibtische, den Computer. Sie ließ sich einen Moment auf der Armlehne des Schreibtischsessels nieder und legte sich probeweise auf den Teppich vor dem offenen Kamin. Sie nahm auf dem Telefax Platz und betrachtete die Aussicht, die das Fenster bot, musterte beifällig den ordentlich aufgeräumten Ausgangskorb und den leeren Eingangskorb, ehe sie wieder in den Flur hinausschwebte.

Ich zeigte ihr die restlichen Räumlichkeiten im Erdgeschoß. In die Küche warf sie nur einen flüchtigen Blick, ohne einzutreten. Küchen waren Arbeitsplätze für das Personal und interessierten sie nicht.

Die Färbung ihres Fells war eine Symphonie aus

glänzendem Schwarz, apartem Weiß und weichem Zimtbraun. Keinesfalls war es Ingwerrot – niemals hätte diese Katze sich zu Ingwerrot herabgelassen. Der Braunton ihres Fells hatte den gleichen weichen Herbstschimmer wie Aileens Haar.

Ich öffnete die Hintertür und ließ sie hinaus. Auf dem Balkon blieb sie stehen und blickte einen Moment nachdenklich zu Boden.

«Danke für Ihren Besuch», sagte ich, und sie nickte hoheitsvoll.

Thermal und Aileen krochen ungefähr eine Stunde später aus dem Bett. Sie kamen gemeinsam herunter und trennten sich im Flur. Thermal trottete verschlafen in die Küche, um zu frühstücken, Aileen verschwand in ihrem Arbeitszimmer – sie läßt sich das Frühstück bringen.

Ich verarztete sie beide. Thermal pflanzte sich mitten in seinen Napf und fraß rund um sich herum, und als nichts mehr da war, hob er leicht sein Hinterteil an und fraß, was unter ihm lag. Ich ging mit meinem Kaffee zu Aileen. Sie war zwar morgens auch nicht redseliger als Thermal, aber sie hatte wenigstens bessere Tischmanieren.

Ich legte mich auf den Boden und las meine Zeitung, und Aileen starrte ins Leere. So etwas nennt man Gemeinsamkeit, und sie hielt ungefähr zehn Minuten an, bis Aileen das Radio einschaltete. Mir ist das Radio morgens zu aufdringlich, ich muß mich sachte in den Rhythmus des neuen Tages hineinlangweilen. Darum habe ich den *Independent* abonniert.

Thermal war nirgends zu sehen, was nicht weiter verwunderlich war. Es gibt im Haus eine Reihe von Fenstern, aus denen er morgens erst einmal hinauszuschauen pflegt. Er sucht sie immer in der gleichen Reihenfolge auf und mag es gar nicht, wenn er in seinem gewohnten Trott gestört wird. Um Viertel nach ungefähr würde er in meinem Büro sein.

Ich öffnete den Kühlschrank, stellte die Butter weg, und da fiel es mir auf. Es wunderte mich, daß ich es nicht schon vorher bemerkt hatte. Der Griff war klebrig und die Tür blutbespritzt.

Auch der Boden war klebrig. Die Flüssigkeit, welcher Art auch immer sie sein mochte, rann in dünnen Bächen die Tür hinunter und tropfte auf den Küchenboden. Aber langsam – wie Blut.

«Aileen, komm mal her und sieh dir das an.»

Sie kam und tastete mit den Fingerspitzen.

«Was ist das deiner Meinung nach?»

Sie steckte eine Fingerspitze in den Mund, um zu kosten.

«Es schmeckt süßlich – richtig gut eigentlich.»

Ich brachte das nicht fertig. Ich konnte das Zeug ja sehen, und es sah aus wie Blut. Aber ich schnupperte aufmerksam, und es hatte einen Geruch, der mir völlig unbekannt war.

«Woher kann das kommen?»

«Keine Ahnung.»

Ich trat auf irgend etwas, das etwa die Größe eines Möweneis hatte. Da bei uns in der Küche Möweneier relativ selten vorkommen, bückte ich mich und hob es auf. Es war ein Flaschenkorken – ein rotgefärbter Flaschenkorken.

Schnell von Begriff wie ich bin, wandte ich mich augenblicklich dem Weinregal zu. Die Flaschen liegen leicht nach vorn geneigt, die Köpfe direkt auf die Kühlschranktür gerichtet. Ich ahnte schon, daß ich auf der richtigen Spur war, und schritt zur sofortigen Gegenüberstellung. Obwohl die Flaschen aus diesem Blickwinkel alle ziemlich gleich aussahen, hatte ich die Täterin schnell identifiziert. Sie lag mit weit aufgerissenem Maul auf dem untersten Bord, und das Blut tropfte ihr noch von den Fängen.

Es war ein 1986er Pflaumenwein – der explosivste aller selbstgekelterten Weine.

Ich wußte noch, woher diese Flasche kam. Zwei Wochen zuvor hatte ich in Derby an einer öffentlichen Veranstaltung des Rundfunks teilgenommen. Die Zuschauer waren hinreißend gewesen, und nach der Vorstellung war einer von ihnen zu mir gekommen, um mir ein paar nette Worte zu sagen. Er hatte mir diese Flasche Wein überreicht und mir mitgeteilt, daß er Derrick Ayre heiße. Wie nett von ihm, hatte ich gedacht. Was für ein herzlicher Mensch.

«Der Wein hat's in sich», hatte er gesagt. «Seien Sie vorsichtig damit.»

Hätte ich diesen herzlichen Menschen jetzt zwischen die Finger bekommen, wer weiß, was ich mit ihm angestellt hätte. So aber stand ich nur mit dem Korken in der Hand da. Ich machte die Bescherung sauber, und ehe ich die Flasche wegwarf, goß ich den Rest Wein, der noch übrig war, in ein Glas. Aileen kostete ihn zuerst und war sehr angetan.

«Es war eigentlich doch ein nettes Geschenk von ihm.»

Ich probierte den Wein und wünschte, ich hätte die Kühlschranktür und den Boden abgeleckt.

«Ja, du hast recht.»

Wir tranken auf ihn. Er hatte ja nicht wissen können, daß er Explosivpflaumen erwischt hatte, es sei denn, er war Mitglied der IRA und hatte vorgehabt, sich nach dem Attentat dazu zu bekennen.

Ich arbeitete den ganzen Morgen sehr konzentriert an dem Text, den ich tags zuvor geschrieben hatte. Ich hatte in der Nacht nicht gut geschlafen, weil er mir ständig im Kopf herumgegangen war, und jetzt war mir auch klar, warum. Er saß einfach nicht. Nach mehreren Umstellungsversuchen holte ich tief Luft und löschte die ganze Passage für immer aus dem Manuskript und meinem Leben.

Danach las ich noch weiter zurück und strich weitere drei Seiten. Ich war nun wieder da, wo ich am vergangenen Mittwoch morgen angefangen hatte. Es heißt, die Fähigkeit, derart erbarmungslos zu sein, sei das Zeichen des wahren Professionellen – es könnte auch Zeichen für einen einzigartigen Mangel an Talent sein.

Aileen hatte den ganzen Morgen telefoniert, mit ihrem Agenten, ihrem Verleger, dem Gaswerk, praktisch mit der gesamten Einwohnerschaft von West Yorkshire. Sie telefoniert mit Leidenschaft. Wenn sie am Telefon hängt, ist sie nicht blind; das Telefon ist ein großer Gleichmacher. Mehr noch – beim Telefonieren ist Aileen im Vorteil; sie kann nämlich in den Stimmen ihrer Gesprächspartner lesen wie ein Graphologe in einer Handschrift.

Sie rief mich, und ich trottete brav zu ihr hinüber. Wir halten uns im Haus an eine gewisse Hackordnung, und ich wußte, wo ich meinen Platz hatte.

«Hast du Thermal gesehen?»

«Nein, seit dem Frühstück nicht mehr.»

Das war ernst. Sein Magen ist mit einem automatischen Alarmsystem ausgestattet, das nie versagt.

«Sieh doch mal, ob du ihn irgendwo findest.»

Ich brauchte gar nicht zu suchen. In diesem Moment nämlich torkelte er ins Arbeitszimmer und schlug mit dem Kopf krachend gegen den Türpfosten. Mit glasigem Blick lehnte er sich unsicher an die Wand und schüttelte den Kopf, als könnte er nicht glauben, daß er zu ihm gehörte.

Er sah auch nicht aus, als gehörte er zu ihm. Er hatte sich von Kopf bis Pfoten in einen rosaroten Kater verwandelt und war sturzbesoffen.

12

Thermal stemmte sich haltsuchend mit der Hüfte gegen die Wand, während er versuchte, sich zu orientieren. Dann fing jemand an, an der Wand zu wackeln, und er taumelte stolpernd über den Teppich zum offenen Kamin.

«Er ist da, Aileen.»

«Oh, gut.»

«Da bin ich nicht so sicher.»

Er würde es nicht schaffen bis zum Kamin. Er nahm den Schleichweg – um den Papierkorb herum, beim Couchtisch links, weiter unter dem Schreibtisch hindurch.

Einen Moment blieb er schwankend stehen, dann retirierte er im Rückwärtsgang aus einer Sackgasse neben dem Aktenschrank. Von vorn gesehen leuchtete er jetzt in einem gefälligen, wenn auch nicht ganz gleichmäßig aufgetragenen Pastellrosa – aber das Hinterteil, das sich unter dem Schreibtisch hervorschob, war so knallrot, daß die Paviane im Zoo beim Anblick vor Neid erblaßt wären.

«Wo ist er?»

«Hier, neben meinem Fuß.»

Er blickte zu mir auf und versuchte verzweifelt, mich klar ins Bild zu bekommen. Er mußte meinen Gedanken gelesen haben, denn plötzlich setzte er sich nieder, streckte ein Hinterbein in die Luft und versuchte, sich das Hinterteil zu putzen. Es klappte nicht. Er kippte um und klappte über meinem Fuß zusammen.

Aileen stand auf und kam herüber, wobei sie sich bemühte, nicht auf ihn zu treten.

«Was ist denn los? Geht's ihm nicht gut?»

«Er ist nur ein bißchen daneben.»

Sie hob ihn hoch und setzte ihn auf ihre Schulter, wo sie ihn sehen konnte. «Er ist ja ganz klebrig.»

«Das kommt vom Pflaumenwein. Er muß vor dem Kühlschrank gestanden haben, als die Flasche explodierte.»

Er hatte seine Furcht vor dem Kühlschrank überwunden und brachte nun halbe Tage damit zu, davor zu stehen und sich zu fragen, warum er keine Katzentür hatte.

«Sein Po ist unheimlich klebrig.»

«Da hat er wahrscheinlich noch nicht geputzt.»

Sie trug ihn zum Fenster, wo sie ihn besser sehen konnte, und musterte aus nächster Nähe seinen Kopf.

«Ist er rosa?»

«Ja. Du solltest mal das andere Ende sehen.»

«Das klebt an meinem Ärmel.»

Wir schälten ihn herunter und legten ihn auf den Kaminvorleger. Ich schob ihm eine ausgebreitete Zeitung unter, aber er merkte es kaum – er war hinüber.

«Glaubst du, anderen Katzen passiert so was auch?»

«Das kann ich mir nicht vorstellen.»

Fünf Stunden später erwachte er mit einem Riesenkater und torkelte zu mir ins Büro. Der Mittelteil des *Independent* klebte ihm an der Seite, er sah aus wie eine wandelnde Litfaßsäule.

Ich setzte ihn ins Waschbecken und schrubbte ihn mit Spüli. Das schont angeblich die Hände, und ich hoffte, es würde auch Pfoten, Schnurrhaare und Katzenpopos schonen. Er wollte sich wehren, aber um richtig loszulegen, fehlte ihm die Kraft.

Aileen war mit dem Bad nicht einverstanden. Katzen badet man nicht, behauptete sie. Ich konnte mich erinnern, genau das gleiche gesagt zu haben, als ich das erste Mal gesehen hatte, wie meine Mutter Whisky badete.

«Meine Mutter hat immer gesagt, es sei nur ein kurzes Tauchbad – wie bei Schafen.»

«Ich find's trotzdem nicht in Ordnung.»

«Was würdest du denn vorschlagen?»

«Heißen Kaffee und einen Marsch im Garten.»

Das Wasser hatte eine trübe pflaumenblaue Färbung, als ich ihn heraushob, aber er selbst sah immer noch aus wie eine Handvoll Himbeereis. Ich trocknete ihn ab, und das Handtuch errötete teilnahmsvoll.

«Und jetzt geh ich wirklich ein paar Minuten mit ihm an die frische Luft.»

Zu Thermals Unglück hatten wir Publikum. Ausgerechnet einen großen Kater namens Denton. Denton ist der Nachbarschaftsrambo. Er ist wie ein Stier gebaut und führt sich auf wie der übelste Wildwest-Brutalo. Entsprechend ist er ganz in Schwarz gekleidet.

Oft genug schon hatte ich gute Lust gehabt, Denton mit einigen der neueren Errungenschaften des Menschen bekannt zu machen, mit dem Maschinengewehr zum Beispiel oder der Atomrakete. Dennoch scheint irgend jemand ihn zu lieben, auch wenn mir völlig schleierhaft ist, wieso – er besitzt den Charakter einer Hyäne, aber nichts von ihrem Charme.

Verglichen mit ihm nahm sich Thermal aus wie ein

Designer-Kätzchen, und die Szene, wie dieses blaßrosa Kätzchen da im wäßrig goldenen Licht der Wintersonne auf leichten Pfötchen die Treppe zum Garten hinuntersprang, entbehrte nicht einer gewissen Postkartenromantik. Nur ein Banause wäre dafür unempfänglich gewesen.

Denton, der unter den Hortensienbüschen auf der Lauer lag, ließ sie natürlich kalt – ihn hätte höchstens eine Keilerei von Fußballrowdys begeistern können.

Thermal setzte sich unten auf eine Steinplatte, schloß die Augen und fragte sich, wieso sein Kopf nicht mit ihm die Treppe heruntergekommen war. Sollte er umkehren und ihn holen? Nein, er war ohne ihn besser dran.

Ich beobachtete ihn vom Balkon aus, wie er sich schwankend seinem Lieblingsplatz näherte, wo die Erde weich war und man seine Geschäfte ungestört erledigen konnte. Gerade wollte er sich im Schatten einer vielgeplagten Azalee niederlassen, als er nicht mehr als zwei Meter entfernt Dentons finstere Gestalt lauern sah und sein kleines Gehirn sofort auf Hochtouren zu laufen begann.

Er hatte wahrscheinlich in seinem ganzen kurzen Leben nicht mehr als ein halbes Dutzend Katzen gesehen. Wie zufällig schlenderte er zu den Hortensien hinüber und schenkte dem finsteren Gesellen dort ein strahlendes Lächeln. Erst da gewahrte ich selbst Denton, sah, wie er sich zum Sprung bereitmachte und sich die Lefzen leckte.

«Nein!» rief ich laut.

Mein kleiner Kater blieb stehen, drehte sich um und sah zu mir herauf.

Er hatte überhaupt keine Chance. Bis ich die Treppe hinunter war, hatte Denton ihn bereits fertiggemacht.

Ein Häufchen Elend, lag er auf den Steinplatten, mit blutendem Ohr und einer ganz neuen Frisur.

Die schlimmsten Verletzungen jedoch hatte seine Unschuld davongetragen. Er hatte gar nicht versucht, Reißaus zu nehmen. Er konnte es nicht fassen, daß ihm so etwas geschah, daß jemand den Wunsch haben sollte, ihm so etwas anzutun. Und darum lag er nun mit großen Augen im Garten und versuchte zu begreifen.

Denton hockte oben auf der Mauer und fuhr seine Krallen wieder ein. Das würde dem kleinen Miezekater eine Lehre sein; der würde nicht so schnell vergessen, wer hier das Sagen hatte.

Er thronte so verdammt selbstgefällig da oben auf der Mauer, daß ich einen Klumpen Mörtel nach ihm warf, aber er rührte sich nicht einmal von der Stelle; zog nur den Kopf ein wenig zur Seite und beobachtete den Klumpen, wie er an ihm vorbeiflog.

Es war kein guter Tag für Thermal gewesen; es war einer jener Tage, auf die man gut und gern verzichten kann. Ein Trost war immerhin, daß er bei Aileen sein Herz ausschütten konnte und sie ihn herzlich bemitleidete.

Aber dann stakte plötzlich die Schildpattkatze ins Arbeitszimmer, Thermal bekam einen Riesenschreck und versteckte sich hinter dem Papierkorb.

Sie war so schön, wie ich sie in Erinnerung hatte, und ich machte sie mit Aileen bekannt. Die beiden verstanden sich auf Anhieb und begaben sich auf einen Rundgang durch das Haus. Thermal lugte mißtrauisch unter dem Schreibtisch hervor.

«Sie kommt nur ab und zu vorbei», sagte ich tröstend. «Du brauchst keine Angst zu haben.»

Aber diesmal blieb sie länger. Sie war überrascht, Thermal zu sehen.

«Das ist Thermal», erklärte ich.

Er brachte vor lauter Respekt keinen Ton heraus. Er saß nur mit einem dümmlichen Lächeln da und schmachtete sie an. Worauf sie die Initiative ergriff, das war wohl so ihre Art. Sie schwebte zu ihm hinüber, und sie tauschten einen Nasenkuß. Es trieb ihr die Tränen in die Augen, und sie zuckte zurück. Offensichtlich hielt sie Thermal für einen Säufer.

Sie machte es sich gemütlich und streckte sich auf dem Kaminvorleger aus. Thermal wußte nicht, was er davon halten sollte. Eine Zeitlang lief er tolpatschig vor ihr auf und ab und hinkte dabei, als hätte er einen verletzten Fuß, und als ihm das nicht die erhoffte Aufmerksamkeit einbrachte, wurde er vollends albern und führte ihr seinen Balanceakt auf dem Kaminsims vor.

Als er herunterfiel, begann sein Ohr wieder zu bluten, aber Aileen machte gehöriges Aufhebens um ihn, und so wagte er es schließlich mit gestärktem Selbstwertgefühl, sich neben seiner neuen Freundin auf dem Kaminvorleger auszustrecken.

Natürlich nicht direkt neben ihr, sondern etwas schräg im Winkel und leicht nach rückwärts versetzt, um sich die Möglichkeit eines nonchalanten Rückzugs offenzulassen, falls die Dame seine Gesellschaft nicht wünschen sollte.

Wir sahen uns eine Videoaufnahme von Virginia Woods Ein-Frau-Show an. Sie ist Thermals Lieblingskomödiantin und heiterte ihn ungemein auf. Der Kampf mit Denton hatte ihm gar nicht gutgetan, und beim Lachen hatte er offensichtlich Schmerzen. Er begnügte sich daher mit einem gelegentlichen dünnen Lächeln. Dennoch, da bin ich sicher, tat Virginia Wood ihm ausgesprochen gut.

Wir spulten die Videokassette zurück und ließen

noch einmal das Lied vom Teewagen abspielen, das hört er so gern, dann schaltete Aileen den Fernseher aus.

«Ich finde, sie sollte jetzt langsam nach Hause gehen.»

«Ich weiß doch nicht, wo sie wohnt.»

«Aber *sie* weiß es.»

Dagegen konnte ich nichts sagen, und da ich einsah, daß es keinen Sinn hatte, sie zum Bleiben zu ermuntern, brachte ich sie zur Tür. Sie hatte tadellose Manieren. Lautlos huschte sie die Treppe hinunter, durch den Garten, auf die Gasse hinaus.

Aus einem Impuls heraus folgte ich ihr. Ich wollte wissen, wo sie herkam, und sie machte es mir leicht. Sie schlich nicht im dunklen Schatten an der Wand entlang. Sie ging in der Mitte der schmalen Gasse, als führte sie eine Parade an.

Da ich sie nicht beunruhigen wollte, bemühte ich mich, ihr möglichst unauffällig zu folgen, und es klappte bestens. Wenn sie stehenblieb, was ein-, zweimal vorkam, hielt auch ich an und tat so, als untersuchte ich die Buchsbaumhecke auf Schädlinge.

Aber nun wurde der Abstand zu ihr doch etwas zu groß, und dann verschwand sie urplötzlich in einer offenen Einfahrt – ich wußte nicht, in welcher. Ich rannte ihr nach, und sie erwartete mich auf der Mauer.

Sie schlängelte sich zwischen den Gitterstäben des wackligen Tors durch und ging gemächlich den Gartenweg zu einem kleinen alten Haus hinauf. Ich stand an die Mauer gelehnt und beobachtete sie, wie sie sich auf der Hintertreppe niederließ.

Es konnte natürlich sein, daß sie auch hier nur einen ihrer Besuche machte und ganz woanders wohnte. Als ich hinter mir Schritte hörte, drehte ich mich um und sah einen alten Herrn kommen. Neben mir blieb er stehen.

«Kann ich Ihnen irgendwie behilflich sein?»

«Ich habe nur die Katze beobachtet.»

«Oh, sie ist also wieder da?»

Er stieß das Tor auf und drehte sich auf der anderen Seite noch einmal nach mir um. «Sie ist eine richtige Streunerin, wissen Sie.»

«Ja, sie war gerade bei uns zu Besuch.»

Sein Atem roch nach Bier, und er stützte die Ellbogen auf das Tor wie auf einen Tresen. «Sie ist hier nicht glücklich. Sie gehörte meiner Tochter. Aber die ist mit ihren beiden Söhnen nach Kanada gegangen, darum haben wir sie bei uns aufgenommen. Sie konnte sie nicht mitnehmen.»

Die Katze spitzte die Ohren, als wüßte sie, daß über sie gesprochen wurde, und kam ein wenig näher.

«Meine Frau verträgt Katzen nicht – sie hat eine Katzenallergie, wissen Sie, aber wir wollten es wenigstens versuchen. Sie kann nicht mit der Katze in einem Raum sein, und ich muß dauernd jonglieren, damit sie nicht zusammentreffen.»

«Sie war schon zweimal bei uns.»

«Ja, das kann ich mir denken. Sie war schon bei allen Leuten rundherum. X-mal ist sie mir schon zurückgebracht worden. Ich glaube, sie hat beschlossen, auf Dauer nicht hier zu bleiben, und schaut sich jetzt nach was Besserem um.»

«Glauben Sie wirklich?»

«Ich bin sicher.»

Gründlich umgesehen hatte sie sich bei uns, das war nicht zu bestreiten.

Die Katze rückte noch ein wenig näher. Eine steife Brise zauste die Büsche, und da drüben konnte sie kaum etwas hören. Der alte Herr beugte sich zu ihr hinunter und streichelte sie.

«Möchten Sie sie haben?»

«Ich weiß nicht - wir haben schon eine.»

«Ich habe auch eine Katzentür für sie. Die hab ich gekauft, als sie zu uns kam, aber ich hatte keine Zeit, sie einzubauen.»

Ich merkte, wie ich schwach wurde. Vor zwei Monaten noch hätte ich keinen Gedanken an so eine Idee verschwendet. Thermal hatte ich einer Augenblickslaune folgend gekidnappt – die zusätzliche Verantwortung brauchte ich wirklich nicht.

«Ich mach Ihnen einen Vorschlag», sagte er. «Wenn sie Sie noch einmal besuchen kommt, haben Sie meinen Segen. Sie brauchen sie nicht zurückzubringen.»

Die Katze sah zu mir herauf.

Der Mann sah zu mir herauf.

«Es würde mir das Leben ein wenig erleichtern.»

«Also schön – überlassen wir die Entscheidung ihr. Ich wohne in dem Haus in der –»

«Ich kenne Ihr Haus – es ist das große da hinten. Platz haben Sie auf jeden Fall genug. Und wenn sie sich für Sie entschließen sollte, bringe ich Ihnen die Katzentür vorbei.»

Wir besiegelten den Vertrag mit Handschlag und trennten uns. Ich war noch keine zehn Meter vom Tor weg, als die schönste Schildpattkatze der Welt an mir vorübersauste. Der alte Herr stand immer noch an sein Gartentor gelehnt.

«Ich glaube, die werden Sie nicht mehr los.»

Sie flitzte durch die Gasse, als wollte sie unbedingt die erste sein, die Aileen und Thermal die frohe Botschaft überbrachte. Sie hatte nicht einmal ihre Zahnbürste mitgenommen – und ich wußte nicht einmal ihren Namen.

«Wie heißt sie?»

«Candy», rief er.

13

Ganz vorsichtig, um keinen Lärm zu machen, öffnete ich die Tür, und da lag sie, wohlig ausgestreckt auf der Solariumcouch. Sie hätte wahrscheinlich eine Schutzbrille tragen sollen, die ultravioletten Strahlen konnten ja ihren Augen schaden, aber wir hatten nur eine, und die hatte Aileen auf der Nase.

Sie schliefen beide, aber Candy öffnete ein Auge und gähnte, als sie die Bodendielen unter dem Teppich knarren hörte.

«Ich bin's nur», flüsterte ich. «Schlaf ruhig weiter.»

Ich schob meine Hand unter ihren Bauch und stellte sie auf die Füße. Sie fiel sofort wieder um. Ich versuchte es noch einmal. Diesmal hielt ich sie fest und lehnte sie gegen Aileens Schenkel.

«Es dauert nicht lange.»

Ich griff mit der freien Hand in die Hosentasche, aber das Maßband, das ich mitgebracht hatte, lag in der anderen. Unter ziemlichen Verrenkungen gelang es mir, die linke Hand in die rechte Hosentasche zu schieben, aber gerade als meine Finger das Maßband berührten, hakte irgend etwas in meinem Rücken aus, und es tat verdammt weh.

Ich ließ die Katze fahren und fiel auf die Knie. Candy kippte wieder um, und dann ging die Tür auf, und

Thermal spazierte herein. Er sprang auf die Solariumcouch und sah mit Erstaunen die beiden anderen unter der Markise liegen.

Er hieb Aileen beide Vorderpfoten in den Magen und begann zu trampeln und zu kneten, als hätte er einen Hefeteig unter sich. Aileen hob ein wenig den Kopf und lächelte voll Wohlbehagen über die Massage. «Mhm!»

Mein Rücken beruhigte sich etwas, und ich wühlte das Maßband aus der Hosentasche. Candy beobachtete Thermal mit großem Interesse. Es konnte ja sein, daß dies unser regelmäßiges Sonntagnachmittagsvergnügen war und sie einmal einspringen mußte, falls Thermal indisponiert war.

Sie rückte ein wenig näher heran, um die Technik im Detail zu studieren, und als sie an mir vorbei wollte, schnappte ich sie mir und maß ihre innere Beinlänge.

Achteinviertel Zentimeter? Das konnte nicht stimmen. Ich maß noch einmal, und es stimmte. Ich hätte mir nie träumen lassen, daß sie so eine dackelbeinige Katze war. Wenn sie durch einen Raum ging, hatte man den Eindruck, ihre Beine reichten bis in die Nasenlöcher hinauf. Aber dann bemerkte ich, daß sie bis zu den Knien in die weiche Matratze eingesunken war.

Ich hob sie auf den Tisch neben dem Ruhebett und maß ein drittes Mal. Sechsundzwanzig Zentimeter! Das konnte nun auch wieder nicht stimmen.

«Hör auf, einen Buckel zu machen!»

Es gibt Katzen, die können sich in die Höhe schrauben, daß es ein wahres Wunder ist. Thermal gehört nicht zu ihnen – er bringt bestenfalls eine bescheidene kleine Buckelbrücke zustande. Aber Candy ist eine äußerst geschmeidige Katze, und wenn sie ihren Rükken wölbt, wird sie zum Krockettor.

Ich wartete, bis sie sich wieder entspannte, und maß von neuem. Dreizehneinhalb Zentimeter. Das konnte stimmen. Ich maß noch einmal nach, und schon waren die Beine wieder zwei Zentimeter länger.

Aileen wachte langsam auf. «Was tust du da eigentlich?»

«Ich messe Candys innere Beinlänge.»

«Wozu denn das?»

«Für die Katzentür.»

Schweigend verdaute Aileen dieses Informationshäppchen.

«So steht es auf dem Verpackungskarton», erklärte ich, da ich längeres Schweigen schlecht aushalten kann. «Man braucht die innere Beinlänge, um die Klappe auf der richtigen Höhe anbringen zu können.»

«Und wie hast du dir das für Thermal gedacht? Willst du ihm eine Rampe bauen?»

«Der wird mit der Zeit schon reinwachsen.»

Er konzentrierte sich jetzt auf ihren Nabel, zermalmte ihn förmlich mit kräftigen, gleichmäßigen Streichungen.

«Wenn er nicht bald die Krallen einzieht, bestimmt nicht.»

Die Katzentür war von einem Büchlein mit Trainingsanweisungen für den zukünftigen Gebrauch begleitet. Es war von einem «bekannten Fachmann» geschrieben und riet, die Katze auf die eine Seite der Klappe zu stellen und einen Napf mit Futter auf die andere. Ich konnte mir den Gedanken nicht verkneifen, daß diese «Fachleute» sich ihr Geld sehr leicht verdienen.

Ich hatte die Klappe in der Kellertür angebracht, das fand ich am vernünftigsten. Ich wollte nicht die Haustür ramponieren, die gut hundert Jahre gehalten hatte, und hinten hinaus hätte ich drei Türen ausschneiden müssen, um den Katzen den Weg in den Flur zu öffnen. Es wäre die reinste Katzenmilitary geworden.

Darum wählte ich den Keller. Ein altes Sofa stand sowieso schon unten. Ich zog es an den Boiler heran, damit sie da gemütlich ums Feuer sitzen und sich ihre Schnurren erzählen konnten. Fehlten nur noch ein paar Zeitschriften und der Teekessel, dann hatten sie alles, was sie brauchten. Sie konnten hier in allem Komfort die Zeit totschlagen, bis ich die Innentür öffnete und sie heraufließ.

Der Rest des Wochenendes war dem «praktischen Training» gewidmet – einem Intensivkurs in angewandter Katzenklappentechnologie. Ebenso die folgende Woche, der Rest des Monats und ein großer Teil des Jahres. Selbst heute noch veranstalte ich regelmäßig Auffrischungskurse, die speziell auf Katzen zugeschnitten sind, welche, um es mal grob zu sagen, mindestens zwei Bretter vor dem Hirn haben.

Candys Widerstand beruhte auf ästhetischen Erwägungen. Nie im Leben würde sie ihren hübschen Kopf gegen eine Plastikklappe stoßen. Das war einfach unnatürlich und entwürdigend. Thermal hatte etwas dagegen, weil es weh tat.

Ich hockte im Keller hinter der Klappe und schwenkte sie hin und her, um zu demonstrieren, wie sie funktionierte. Sie hockten draußen und glotzten. Ich ließ die Klappe zufallen und wartete.

Und wartete und wartete. Zwanzig Minuten später hob ich die Klappe hoch und spähte hinaus. Sie waren beide draußen auf der Treppe eingeschlafen.

Ich beherzigte den guten Rat des Fachmanns und stellte einen Napf mit dampfendem Fisch hinter die Tür. Erst hielt ich ihn den beiden unter die Nase, und

Thermal wurde gleich putzmunter. Nach einer Weile hörte ich ein Rumoren, dann ein gewaltiges Krachen, und die Klappe flog auf. Aber Thermal schaffte den Sprung nicht ganz. Er hing über der Hürde wie ein nasses Handtuch.

Ich zog ihn hinein. Er schien aufgeregt und ziemlich verwirrt angesichts der Erkenntnis, daß er soeben tatsächlich eine feste Tür durchstoßen hatte. Die Frage war nur – würde ich immer zur Stelle sein, um ihm helfend die Hand zu reichen?

Wir versuchten es noch einmal, diesmal mit Holzklötzchen auf beiden Seiten der Tür. Das half zwar, aber nicht genug. Im kritischen Moment blieb er mit den Hinterbeinen hängen. Einen Moment lang baumelte er vom Rand der Öffnung herab wie ein geschlachteter Fasan im Geflügelladen, dann strampelte er sich los und machte eine Bauchlandung im Fischnapf.

Eine Schildpattpfote schob sich unter der Tür durch und krallte sich ein Riesenstück vom Fisch, der aus dem Napf gefallen war. Wenn ich auf die Idee gekommen wäre, die Ritze unter der Tür ein Stück auszuschneiden, hätte ich mir das ganze Theater mit der Katzentür sparen können.

Mitte der Woche war ich soweit, mir einzugestehen, daß ich allein niemals zurechtkommen würde. Ich nahm mir deshalb einen Assistenten mit Erfahrung.

Chico Mendes O'Connell ist ein kleiner roter Kater mit einer Neigung zur Nervosität. Er wohnt mit Bridie zusammen gleich drüben, auf der anderen Seite der Gasse, und hat seinen Namen von dem Mann, der die Regenwälder rettete.

In Yorkshire geboren, von einer Irin aufgezogen, die ihn vom ersten Tag an Gälisch lehrte, und dann auch noch mit dem symbolträchtigen Namen eines kolumbianischen Volkshelden belastet, hat er natürlich Identitätsprobleme, die sich in einem nervösen Zucken äußern. Sonst aber ist er ein freundlicher kleiner Kater, und er war sofort bereit, mir zu helfen. Bridie brachte ihn herüber, weil er nicht gern allein die Gasse überquerte.

Candy machte gerade ein Nickerchen im Wäscheschrank, als er erschien, und so kam Thermal in den Genuß einer konzentrierten Einzelstunde. Chico entpuppte sich als der geborene Lehrmeister, und wenn Thermal sich als lernfähiger Schüler erwiesen hätte, wären wir vielleicht auf einen grünen Zweig gekommen.

Mit Hilfe seiner hübschen Freundin Bridie, die in kritischen Augenblicken stets zur Stelle war, um ihm einen hilfreichen Schubs zu geben, legte Chico eine atemberaubende Demonstration gekonnter Katzenklappentechnik hin, wie wir sie noch nie gesehen hatten – jedenfalls nicht an unserer Katzenklappe.

Er führte Thermal die verschiedenen Sprungphasen in Zeitlupe vor: Vorderpfoten auf das Sims, leichter Kopfstoß, kräftiges Abstoßen der Hinterbeine, kurzes vierpfotiges Aufstützen und schließlich Sprung. Danach ging er das ganze Repertoire noch einmal durch, in einem Höllentempo diesmal, geschmeidig und sprunggewaltig wie eine Gazelle.

Thermal schlackerte mit den Ohren. Er hatte keine Ahnung gehabt, daß es sich hier um eine olympische Disziplin handelte, und konnte es kaum erwarten mitzumischen.

Nur machte er leider einen Fehler – er wollte seitwärts springen. Ein Hinter- und ein Vorderbein stießen durch, aber das war es auch schon. Da der ganze restliche Thermal außen hing, mußten wir die Klappe öffnen, um überhaupt an ihn heranzukommen, und da plumpste er hinunter.

Chico hatte die Übungsstunde Riesenspaß gemacht. Der Lehrer in ihm allerdings war etwas enttäuscht, daß es ihm nicht gelungen war, dem Schüler seine Kunst zu vermitteln. Immerhin war es ihm ein Trost zu wissen, daß er selbst noch topfit war.

Nachdem ich ihn mit Whiskas bezahlt hatte, begleitete ich ihn und seine Helferin die Treppe hinauf. Hinter uns im Keller hörten wir einen dumpfen Aufprall, als Thermal mit dem Kopf gegen irgendeinen ziemlich harten Gegenstand rumste.

Draußen im Garten begann es schon dämmrig zu werden, und Bridie und ich bemerkten Denton nicht gleich. Aber Chico sah ihn sofort und sauste wie ein Wiesel hinter den Steingarten, um dort in Deckung zu gehen. Er hatte bereits einige Begegnungen mit Denton hinter sich und nur unerfreuliche Erinnerungen an sie. Bridie jedoch ist aus härterem Holz geschnitzt und mag es gar nicht, wenn ihre Mannsleute sich vor aller Öffentlichkeit als Hasenfüße zeigen.

«Los, Chico, komm raus da! Du weißt, du bist ein O'Connell!»

Chico wußte nur zu gut, wie es diversen O'Connells in Zweikämpfen ergangen war, und er blieb, wo er war. Er wußte außerdem, was Chico Mendes widerfahren war, und war fest entschlossen, sich auf kein Risiko einzulassen.

Während wir durch den Garten gingen, flammte die Nachtbeleuchtung auf. Die Strahlen der Lampen fingen Denton ein wie einen Zuchthäusler, der gerade über die Mauer will. Ich schrie ihn an, und er drehte sich zu mir um. Er war wirklich der grimmigste Kater, den ich je gesehen hatte. Sein Fell war in ständiger Kampfbereitschaft gesträubt, seine Ohren waren ausgezackt von den Zähnen seiner Widersacher.

«Überlassen Sie das mir», knurrte Bridie. «Dem schmeiß ich was drauf.»

«Nein, nein, ich mach das schon», entgegnete ich. Ich hatte Angst, sie würde Chico nach ihm werfen.

Er sah mir trotzig entgegen, als ich mich ihm näherte, und dann fing er an zu fauchen. Erst als ich praktisch vor ihm stand, rührte er sich von der Stelle, und dann auch nur, weil er oben auf dem Balkon Candy stehen sah, die zu ihm hinunterblickte und ihn fixierte.

Wie der Blitz schoß er die Treppe hinauf und raste auf sie zu. Unmöglich für mich, ihm nachzukommen. Ich stand unten wie gelähmt und beobachtete, was geschah. Ungefähr einen Schritt von ihr entfernt bremste er ab, ein feuerspeiendes Untier mit hochgewölbtem Rücken. Er war doppelt so groß wie sie und spie ihr die schlimmsten Drohungen ins Gesicht.

Sie saß da und sah ihm entgegen, die Gelassenheit selbst, mit sich und der Welt zufrieden. Als er von neuem zu fauchen begann, huschte ein Hauch von Abscheu über ihr sanftes Gesicht. Sehr langsam hob sie eine Pfote, legte sie ihm bedächtig auf die Nase und versetzte ihm einen Stoß.

Mit einem Plumps fiel er auf seine vier Buchstaben und starrte sie völlig perplex an, während sie gemächlich aufstand, sich lang und ausgiebig streckte und dann träge um ihn herumging. Leichten Schrittes kam sie die Treppe herunter zu uns.

Bei Chico war es Liebe auf den ersten Blick. Er kam hinter dem Steingarten hervor und applaudierte mit uns, als sie die letzten Stufen herunterschwebte.

Sie nahm das alles gleichgültig hin, warf mir ein flüchtiges Lächeln zu und ging dann kopfschüttelnd den Gartenweg hinunter.

Unten im Keller tobte derweil ein kleiner schmutzigweißer Kater, der von all diesen Vorgängen nichts ahnte. Er schlug seine eigene Schlacht mit einer Katzenklappe aus Plastik, und er kämpfte auf verlorenem Posten.

Ich hatte ihn ganz vergessen und ging erst etwa eine Stunde später hinunter, um nach ihm zu sehen. Er war völlig frustriert.

Ich schnippte die Katzenklappe mit dem Finger auf. «Schau, so geht das.» Um es ihm leichter zu machen, nahm ich zwei Wäscheklammern aus dem Korb und klemmte eine auf jede Seite der Klappe.

Thermal versuchte es. Er sprang durch die Öffnung hinaus und sprang wieder herein. Dann sprang er noch einmal hinaus und spähte mit ärgerlicher Miene zu mir herein, als wollte er sagen: Warum zum Teufel hast du das nicht gleich so gemacht?

Ich wollte Wiedergutmachung leisten. Ich mußte das Auto noch in die Garage stellen, also nahm ich ihn hoch, trug ihn hinauf und setzte ihn im Wagen auf den Rücksitz. Bis ich vorn an der Fahrertür war, hockte er schon auf der Ablage unter der Heckscheibe wie eine dieser Klopapierrollen mit Hütchen.

Ich fuhr einmal um den Block, um zu sehen, wie er reagieren würde. Er fühlte sich so wohl wie der Fisch im Wasser. Im Vorüberfahren schnitt er Mrs. Bramleys Hund Alfred ein Gesicht und versuchte dann, den Automobilclub-Aufkleber von der Scheibe zu kratzen.

Ich klappte das Handschuhfach auf, und er sprang hinein. Ich klappte es zu, und er verhielt sich mucksmäuschenstill, bis ich den Wagen in die Garage manövriert hatte und ihn herausließ.

Candy saß auf der Mauer und wartete auf uns. Ich winkte ihr zu und setzte Thermal in der Einfahrt ab, ehe ich nach oben griff, um das Garagentor herunterzuziehen. Dieses Tor ist teuflisch, wenn es geregnet hat. Das Wasser sammelt sich darauf zu einem großen See, und wenn man es herunterzieht, steht man unter den Niagarafällen.

Heute jedoch hatte ich da nichts zu fürchten. Es war seit Tagen trocken gewesen. Ich zog das Tor herunter, und da flog mir Denton entgegen wie ein verunglückter Skispringer.

Es ist nicht wahr, daß Katzen immer auf den Pfoten landen. Bei Denton jedenfalls war es nicht so. Er knallte mit einem erschreckenden Krachen auf den Beton und blieb eine Minute liegen, ohne sich zu rühren. Wahrscheinlich hatte er sich dort oben gesonnt und nichts Böses geahnt, als ihm plötzlich der Boden unter den Pfoten weggerissen worden war. Beinahe wäre er auf Thermal gelandet.

Er verweilte nicht, um sich zu rächen. Sobald er seine fünf Sinne wieder einigermaßen beisammen hatte, schlug er sich schleunigst in die Büsche. Thermal sah ihm verwirrt nach – er wußte nicht, was geschehen war –, Candy hingegen, drüben auf der Mauer, krümmte sich vor Lachen.

Der Kampf mit Denton war noch lange nicht vorüber, aber im Augenblick stand es zwei zu eins für die Guten.

14

Ich hätte mir keine angenehmere Art vorstellen können, einen kalten Winterabend zu verbringen: ein loderndes Feuer, einen Whisky und eine schöne Frau, die neben mir ausgestreckt lag, ihren Kopf in meinem Schoß.

Und drüben im Sessel lag eine sehr zufriedene Schildpattkatze und leckte liebevoll das Köpfchen des kleinen Katers, der sich im Halbschlaf an sie kuschelte. Die Zeiten, als Thermal wie ein rosa Marzipankater herumgelaufen war, waren zwar vorbei, aber ein matter rosafarbener Schimmer lag auch jetzt noch auf seinem Fell, das Candys rauhe Zunge aufgebürstet hatte, daß es abstand wie toupiert.

Candy hatte sich so reibungslos in unseren Alltag eingelebt, daß es schien, als wäre sie immer bei uns gewesen, und sie störte Thermals von Gewohnheit und Ritual bestimmtes kleines Leben in keiner Weise. Im Gegenteil, hatte er vorher nur zwei Beschützer gehabt, so hatte er jetzt deren drei.

Thermals Vorliebe für ein bestimmtes Ritual fing an, etwas lästig zu werden. Jedesmal, bevor ich ihn fütterte, mußte ich erst einen Riesenzirkus veranstalten und ihm die Vorzüge der Speisen aufzählen, die er gleich vorgesetzt bekommen würde. Nahm ich eine Dose Rindfleisch aus dem Schrank, so mußte ich ihm das Etikett unter die Nase halten wie ein Mundschenk. Manchmal drapierte ich ein Geschirrtuch über meinem Arm, aber so oft hatte er noch nicht im Restaurant gegessen, darum war der Sarkasmus an ihn verschwendet. Dann mußte ich meine Überredungskünste spielen lassen.

«Schau mal, Thermal, dieses Rindfleisch ist höchst empfehlenswert. Bei einer Studie in der Londoner Tierklinik hat sich eindeutig gezeigt, daß von den Katzen, die dort am Blinddarm operiert wurden, die am schnellsten wieder gesund geworden sind, die mit diesem Rindfleisch der Firma Whiskas gefüttert wurden. Also bitte!»

Es war nicht immer leicht, ihn zu becircen, aber schließlich kam ich auf ein Sprüchlein, das immer wirkte.

«Die Königin im Buckingham-Palast läßt ihren Corgis nie etwas anderes servieren als diese spezielle Zubereitung von Leber und Hühnchen.»

Wenn ich ihm das Zeug dann in den Napf gab, sabberte er bereits vor Gier. Aber wehe, ich stellte es ihm einfach wortlos hin! Dann rührte er es nicht an.

In gewisser Weise war Thermals Fixierung auf Gewohnheit und Ritual auch an dem Unfall schuld, und der schlimmste Moment überhaupt war vielleicht der, als ich Doktor Helen erklären mußte, wie es dazu gekommen war.

Sie ist eine gute Bekannte von uns und immer sehr teilnahmsvoll. Ich brauche nur ihr Sprechzimmer zu betreten, und schon fühle ich mich besser – aber trotzdem . . .

«Haben Sie etwas Schweres gehoben?»

«Nicht direkt – nein.»

«Was taten Sie denn?»

Sie würde es ja doch erfahren müssen – ganz gleich, was sie hinterher von mir denken würde.

«Ich habe die Katze hochgehoben, weil sie mit dem Lichtschalter im Badezimmer spielen wollte, und da war's plötzlich aus.»

Das würde sie doch sicher verstehen. Sie hatte ja selbst Katzen.

«Wie meinen Sie das? Mit der Katze war's aus?«

«Nein, nicht mit der Katze – mit meinem Ellbogen. Als ich sie hochhob, damit sie mit dem Lichtschalter spielen konnte.»

«Jetzt erzählen Sie mir mal genau, was passiert ist.»

«Ich habe die Katze fallen lassen.»

«Hat es weh getan?»

«Wie meinen Sie – mir oder der Katze?»

Nach einigem Hin und Her hatten wir geklärt, worum es ging, und sie fragte mich, ob es ein dauernder Schmerz sei oder ob er komme und gehe.

«Der Schmerz verging schon nach ein paar Minuten, aber am nächsten Tag kam er wieder.»

«Wann?»

«Als ich die Katze wieder hochhob, weil sie mit dem Lichtschalter spielen wollte.»

Sie ließ sich das einen Moment durch den Kopf gehen. «Ist es eine besonders schwere Katze?»

«Nein. Sie sitzt draußen im Wagen. Ich kann sie reinholen, wenn Sie sie sich ansehen wollen.»

Sie wollte nicht, sondern verpaßte mir ein Rezept und sagte: «Ich schlage vor, Sie lassen die Katze in den nächsten Tagen nicht mit dem Lichtschalter spielen.»

Das war leichter gesagt als getan. Neben dem Essensritual haben Thermal und ich nämlich auch ein Gute-Nacht-Ritual. Aileen und ich arbeiten häufig bis in die frühen Morgenstunden, das kann bis halb zwei oder bis um vier sein. Kein Telefon läutet, kein Fernseher lockt, es ist ideal. Aber Thermal ist noch in der Entwicklung, er braucht seinen Schlaf.

Gegen Mitternacht bekommt er also noch ein Betthupferl, dann nimmt er hinter der Küchentür Aufstellung. Ich schiebe eine Feder durch die Ritze und ziehe sie ein bißchen hin und her, und er stürzt sich auf sie und macht ihr mit Krallen und Zähnen den Garaus.

Dann marschieren wir beide ins Wohnzimmer und löschen das Feuer im Kamin, er inspiziert die Koksklumpen, bis er meint, daß ich nun auch allein zurechtkommen könne, und begibt sich ins Bad, um in der Wanne auf mich zu warten.

Ich werfe den Rest Koks aufs Feuer und folge ihm nach. Nicht in die Wanne – ich setze mich auf den Rand und drehe den Hahnen auf. Dann trinkt er erst einmal, und wenn er genug hat, setzt er sich unter den Lichtschalter, eine lange Kordel, die an der Wand herunterhängt. Ich hebe ihn hoch, damit er beide Pfoten frei hat, und er schlägt ungefähr fünf Minuten lang auf das Ding ein wie auf einen Punching-Ball.

Wenn er seine ganze überschüssige Kraft bei diesem Spiel ausgelassen hat, macht er es sich auf meiner Schulter gemütlich, und wir schmusen ein bißchen. Natürlich mit einer gewissen Zurückhaltung, wir sind ja beide Männer.

Dann setze ich ihn zu Boden, und er geht zu seiner Decke vor dem Heizkörper. Der Pelziglu ist längst in den Keller verbannt worden – er dient jetzt als eine Art Gästezimmer für Freunde von Thermal oder Candy, die über Nacht bleiben wollen.

Er rollt sich zusammen, ich erzähle ihm noch eine Gutenachtgeschichte – nichts zu Aufregendes, er soll ja gut schlafen –, dann legt er sich nieder, und ich sage ihm, was für ein braver kleiner Bursche er ist.

Na, Sie wissen schon, wie das eben jeder abends so mit seiner Katze hält.

Sie werden sich also vorstellen können, was für ein Schock es für ihn war, als plötzlich mein Ellbogen streikte und ich ihn fallen ließ. Er blieb liegen wie gelandet und sah mich einen Moment konsterniert und vorwurfsvoll an. Dann rappelte er sich hoch und schlich in die Küche, um hinter der Tür auf mich zu warten.

«Nein, den Teil haben wir schon gehabt.»

Also kam er wieder ins Bad und hockte sich in die Wanne, und ich brauchte Stunden, ehe ich ihn so weit hatte, daß er sich schlafen legte. Am Morgen sah ich, daß er seinen Frust wieder einmal an der Klorolle ausgelassen hatte – das Papier lag in Fetzen im ganzen Bad herum. Ich war etwas verärgert darüber; ich hatte auch nicht viel Schlaf bekommen, aber ich hatte meinen Frust nicht an der Klorolle ausgelassen.

Ich ließ ihn statt dessen an Thermal aus. Ich ignorierte ihn völlig, und das mag er gar nicht. Es schien auch diesmal zu wirken. Er spielte augenblicklich das niedliche Kätzchen, das kein Wässerchen trüben kann. Dazu gehört, daß er sich auf den Rücken legt und hingebungsvoll zu mir aufblickt und mir ab und zu schmeichelnd um die Beine streicht.

Er machte seine Sache sehr gut, und es dauerte nicht lange, da war ich versöhnt. Nun konnte er zu Phase zwei übergehen, die im wesentlichen darin besteht, daß man genau in dem Moment abmarschiert, wo Herrchen sich herunterbeugt, um einen zu streicheln.

Dabei ist das Timing natürlich alles, und wenn man es genau richtig berechnet, steht Herrchen am Ende mit gebeugten Knien und ausgestrecktem Arm da und streichelt die Luft, während das Kätzchen mit triumphierend erhobenem Schweif davonflitzt und sich ins Fäustchen lacht.

Thermal machte seine Sache, wie gesagt, sehr gut, aber ich biß nicht an. Es war Zeit, Zugeständnisse zu machen, Zeit, gütig und verständnisvoll zu sein – denn ich wußte, daß ich später mit ihm zum Tierarzt gehen würde, und er wußte es nicht.

Für ihn war jene Zeit im Leben eines jungen Katers gekommen, wo die Menschen entscheiden, daß es so auf lange Sicht besser sei. Meine Mutter hat es einmal herrlich ausgedrückt. Ihr Kater Whisky saß vor dem Kamin und ließ den Kopf hängen, als wäre ihm das Leben verleidet.

«Was ist denn mit dem los?»

«Er war beim Tierarzt.»

«Weswegen?»

«Ich habe ihn orchestrieren lassen.»

Thermal sollte also orchestriert werden, und mir war schrecklich zumute. Er war so aufgedreht, als ich die Autotür öffnete. Er sprang gleich hinein und machte sich wieder über den AA-Aufkleber her, den er auf der letzten Fahrt nicht ganz von der Scheibe heruntergebracht hatte. Aber ziemlich bald beruhigte er sich, ließ sich zwischen den zwei Vordersitzen nieder und beobachtete aufmerksam meine Fußarbeit auf den Pedalen.

Ich hatte auf dem Rücksitz schon einen Karton liegen. «12x Fruchtcocktail» stand auf dem Deckel, aber das sollte ihn nur in Sicherheit wiegen. Auf ihrem Grund lag ein flauschiges Handtuch, und in Wirklichkeit war der Karton ein Katzenkoffer.

Aber das würde erst später kommen. Vorläufig

konnte er sich im Auto amüsieren, während ich auf einen Sprung zu Doktor Helen hineinging.

Als ich wieder herauskam, lag er selig schlafend in dem Karton. Warum tun sie uns das an? Hätte ich ihn erst mühsam fangen und dann mit ihm kämpfen müssen, um ihn in den Karton hineinzubekommen, so hätte ich mein Vorhaben rechtfertigen können. «Stell dich nicht so an, es ist doch in deinem eigenen Interesse!»

Aber so fühlte ich mich wie ein gemeiner Heuchler. Ich klappte den Karton zu und versuchte, damit zu leben.

Beim Tierarzt saß rechts von mir eine Frau mit einer hochnäsigen Siamkatze in einem maßgeschneiderten Katzenkorb und rechts ein Mann mit einer Schildkröte in einer Einkaufstüte. Die Katze war äußerst wohlerzogen und ungefähr genauso interessant wie die Schildkröte.

Drüben beim Aquarium saß ein junger Mann mit einer sehr kleinen Schachtel auf den Knien. Auf der Seite der Schachtel hieß es «6 Schokoladeneclairs». Was hatte er darin? Stechmücken? Wüstenmäuse?

Ich war fasziniert. Ich mußte fragen.

«Entschuldigen Sie, darf ich fragen, was Sie in der Schachtel haben?»

Erst sah er mich an, dann seine Schachtel. «Ein halbes Dutzend Schokoladeneclairs.»

«Ah ja – danke.»

Wie kann man sich so lächerlich machen? Manchmal denke ich, ich lerne es nie. Aber ich konnte mich wenigstens rehabilitieren.

«Sie haben sie wohl zum Impfen hergebracht?»

«Wie meinen Sie das?»

«Ach – das war nur ein kleiner Scherz.»

«Ah ja, ich verstehe.»

Eine Frau im weißen Kittel, die einen ziemlich nervösen kleinen Terrier aus dem Behandlungsraum führte, rettete mich. Der Terrier und die Eclairs gehörten zusammen.

«Kommen Sie in einer Woche noch einmal mit Harold vorbei, Mr. Wolfenden. Nur sicherheitshalber.»

Harold – so ein blöder Name für einen Hund. Es hätte mich interessiert, wie er die Eclairs nannte.

Die Frau im weißen Kittel zog eine Karteikarte aus ihrer Tasche. «Thermal Longden?»

«Das bin ich – oder vielmehr, das ist er.»

«Bitte, kommen Sie.»

Es war das erste Mal, daß ich mich in der Öffentlichkeit zu Thermal bekannt hatte, und während ich mit meinem Karton in den Armen durch das volle Wartezimmer ging, wünschte ich, ich hätte ihn lieber Harold getauft.

Der Tierarzt klappte den Karton auf. Sein Opfer begrüßte ihn gähnend. Er stellte Thermal auf den Untersuchungstisch, und der kleine Bursche sah plötzlich viel kleiner und zerbrechlicher aus, als ich ihn in Erinnerung hatte.

«Du bist ja ein hübscher Kerl. Haben Sie ihm das Fell gefärbt?»

«Nein, das war Pflaumenwein – die Flasche ist explodiert. Aber jetzt ist es schon fast verblaßt.»

«Er muß ja toll ausgesehen haben.»

«Das kann man sagen.»

Mir war richtig elend zumute, als ich abfuhr. Mein Fehler ist, daß ich mir alles zu sehr zu Herzen nehme. Ich weiß, daß es blödsinnig ist. In zwei, drei Tagen würde er wieder gesund und munter sein und die ganze Prozedur vergessen haben, und außerdem war es ja wirklich zu seinem Besten.

Trotzdem. Er war so ein vertrauensvoller lieber kleiner Kerl. Mit seinem Schlächter hatte er sich sofort angefreundet, und als ich mich aus dem Behandlungszimmer geschlichen hatte, hatte ich noch sein Schnurren gehört.

Als ich ihn am Abend abholte, war er noch in Narkose. Der Tierarzt versicherte mir, daß alles in bester Ordnung sei. «In ein, zwei Tagen wird er wieder ganz der alte sein.»

Erst gegen Mitternacht wurde er wach. Ich setzte mich zu ihm auf die Armlehne des Sessels und streichelte seinen Kopf. «Ist ja alles gut. Du bist wieder zu Hause.»

Seine Augen gehorchten ihm nicht, als er versuchte, sie auf mich zu richten. Ich kraulte ihn liebevoll hinter den Ohren. Aileen kniete auf dem Kaminvorleger vor ihm, und Candy saß voll ängstlicher Besorgnis auf der anderen Armlehne des Sessels. Er brauchte jetzt seine Freunde.

Er ignorierte die anderen beiden und richtete seine wild rollenden Augen auf mich. Das war wahrscheinlich nur natürlich, zwischen uns bestand schließlich eine besondere Beziehung. Ich hatte ihn ja gerettet – ich hatte ihn aus der Kälte geholt.

Zum Schnurren war er zu schwach, aber seine Augen wurden ruhiger und umfaßten mich mit ihrem Blick. Eine solche Wärme war in diesem Blick, so ungeheuer viel Gefühl. Du gemeiner Kerl, sagten sie. Du gemeiner Kerl.

15

Thermal war schnell wieder auf den Beinen, aber es dauerte, ehe er mir verzieh.

Zwei Tage später hörte ich, während ich in meinem Büro saß, ein Geräusch, das jeder Katzenhalter nur zu gut kennt – das unverwechselbare Klicken eines Tischtennisballs, der von Wand zu Wand geschussert wird. Candy war es nicht, die da spielte. Sie saß bei mir auf dem Kopiergerät, während ich mein Manuskript durchlaufen ließ. Aber jedesmal, wenn ich hinausging, um nachzusehen, lag Thermal auf seiner Decke vor dem Feuer und durchlebte noch einmal die Höllenqualen, in die ich ihn gestürzt hatte. Es fehlten weder die im Delirium wild rollenden Augen noch das klägliche Stöhnen.

Aber irgendwann kam ich ihm doch auf die Schliche. Er versuchte, um das Bein des Sideboards herum einen Freistoß zu treten. Er trat rasch an, kickte den Ball in wohlberechnetem Winkel gegen den Sockel der Stehlampe, so daß er genau den richtigen Einwärtsdrall bekam, um das Sideboardbein zu umrunden.

Er hatte sich schon zur Ehrenrunde aufgemacht, als er mein Beifallsgebrüll von der Tür her hörte. Er sah nicht einmal auf, ließ sich nur stöhnend beim Couchtisch niederfallen und drückte krampfhaft eine Pfote in seinen Magen.

Candy war es, die Licht und Freude ins Haus zurückbrachte. Sie machte ihre morgendliche Runde und konnte gar nicht verstehen, wieso sie die Rosine nicht schon früher gesehen hatte. Sie mußte schon seit Ewigkeiten da gelegen haben.

Thermal und ich vergnügten uns gerade mit der Toilettenspülung, als sie ins Bad kam. Das hatten wir früher, bevor er den Lichtschalter entdeckt hatte, häufig getan. Derzeit war der Lichtschalter abgemeldet, und die Toilettenspülung war wieder en vogue.

Thermal hatte sie von Anfang an höchst faszinierend gefunden, und obwohl er seine Geringschätzung für mich noch immer offen zur Schau stellte, konnte er die Erregung nicht verbergen, die ihn packte, als er sich über die Schüssel neigte und ich meine Hand auf den Griff der Spülung legte.

Ich hatte geglaubt, er hätte von diesem zweifelhaften Spiel für immer genug, nachdem ihm einmal der Toilettendeckel ins Genick gefallen war – aber nein. Er schien bereit zu akzeptieren, daß dies eines der Risiken war, die man eingehen mußte, wenn man Spül und Spaß haben wollte.

Als ich den Griff herunterdrückte, vibrierte er förmlich vor Spannung – er liebt diesen Moment absoluter Stille, wenn gar nichts geschieht. Dann, als das Wasser wirbelnd herabrauschte, beugte er sich mit angehaltenem Atem und zitternden Pfoten noch ein wenig weiter vor und sah zu, wie das Wasser in die Tiefe gezogen wurde. Sobald es verschwunden war, sprang er aufgeregt auf den Sitz und steckte den Kopf in die Schüssel, um zu beobachten, wie sie sich langsam wieder füllte.

Die Stille, die danach eintrat, machte ihn ungeduldig.

«Mach's noch mal!»

Er wußte genau, daß das nicht möglich ist – jedenfalls

nicht sofort. In der ereignislosen Stille fiel ihm plötzlich ein, daß er mich ja eigentlich gar nicht mehr mochte, und er sprang angewidert zu Boden.

Beinahe wäre er auf Candy gelandet, die neben der Klobürste einen Eindringling entdeckt hatte. Er rührte sich nicht, vielleicht war er tot, aber sie hielt es für klüger, nichts zu riskieren.

Als Thermal sich neugierig an ihr vorbeidrängen wollte, drehte sie sich nach ihm um und scheuchte ihn mit eisigem Blick zurück. Dann ging sie in Kampfstellung – tief in den Knien, das Körpergewicht gleichmäßig verteilt, der Kopf bewegungslos. Nur das Hinterteil wackelte, langsam zunächst, dann mit zunehmendem Tempo dem Moment der Wahrheit entgegen.

Sie sprang, als wir alle es am wenigsten erwarteten – am allerwenigsten die Rosine. Die Klobürste flog in die Ecke, und die Rosine zischte wie eine Rakete zwischen ihren Hinterbeinen durch. Sie prallte Thermal an die stolze Männerbrust, worauf der sich mit einem Riesensatz auf die Klobrille rettete.

Candy drehte die Rosine mit einer Pfote auf den Rücken und stieß einen Seufzer der Enttäuschung aus. Dennoch, man mußte diese Dinge ernst nehmen. Man konnte schließlich nie wissen, ob diese kleinen Teufel nicht bewaffnet waren.

Thermal sprang hinunter und kauerte neben der Rosine nieder. Mit liebevollem Blick und zarter Pfote schob er sie sachte bald hierhin, bald dorthin.

Candy wußte nicht, was sie von diesem Benehmen halten sollte, und ich wußte, es würde mir schwerfallen, ihr den Sachverhalt zu erklären. Wir hatten die Flusen aus Mrs. Cramptons Staubsauger durchgesiebt, bis wir uns Staublungen geholt hatten, und dabei hatte die Rosine die ganze Zeit hinter der Toilette gelegen.

Thermal stieß Candy den Kopf in die Seite, kam zu mir und polierte mir kurz die Beine und kehrte dann zu seiner Rosine zurück, um sich neben ihr niederzulegen.

In den nächsten sieben Tagen herrschte im ganzen Haus eitel Sonnenschein. Nichts als Friede, Freude, Eierkuchen, und es war verdammt langweilig. Die beiden Katzen lagen den ganzen lieben Tag lang mit der ewig grinsenden Rosine auf einer Decke zusammengekuschelt.

Ich hätte auch gern mit Aileen gekuschelt, aber da gab es Schwierigkeiten. Leute, die bis spät in die Nacht hinein arbeiten, brauchen nachmittags ein wenig Zeit für sich. Doch wenn wir unsere Katzen auch nur einen Moment allein ließen, kamen sie uns prompt nach oben nach.

Es war nicht einfach, im Beisein von zwei Katzen, die auf den Kopfkissen hockten, und einer selbstgefälligen kleinen Rosine, die mich aus einer Falte in der Daunendecke blöde angrinste, jenes gewisse Lächeln in Aileens Gesicht zu wecken.

Ich machte es mir zur Gewohnheit, die Schlafzimmertür zu schließen, etwas, das wir nicht mehr hatten tun müssen, seit die Kinder aus dem Haus waren. Aber das half nichts – wir hörten die Späne fliegen, wenn die beiden Katzen die Tür bearbeiteten, und wir vermerkten die ominöse Stille, wenn die Rosine für einen Tunnel Maß nahm.

«Ich halte das nicht mehr aus.»

«Laß sie doch», hauchte mir Aileen verführerisch ins Ohr. «Ignorier sie einfach.»

«Das kann ich nicht. Ich will doch nicht, daß Thermal merkt, was er versäumt.»

Er merkte es bald genug. Eine allmähliche Wandlung

ging mit Candy vor. Sie manifestierte sich zunächst in Form sanften Liebeswerbens – kaum hörte sie Schritte, wälzte sie sich auf den Rücken, um sich den Bauch kraulen zu lassen. Ich fand das rührend, bis aus dem sanften Werben nackte Leidenschaft wurde und sie jedesmal, wenn Thermal in Sicht kam, vorn in die Knie ging und mit aufgestelltem Schwanz das Hinterteil in die Höhe streckte.

Er bekam es mit der Angst und verkroch sich im Wäscheschrank, als sich Friede, Freude, Eierkuchen rasch zu 9½ Wochen aufschaukelten. Ich berichtete Aileen, was sich abspielte.

«Na und?» sagte sie. «Sie ist rollig.»

«Aber mir gefällt das nicht – und Thermal gefällt es noch weniger.»

«Tja, da werdet ihr beide euch wohl dran gewöhnen müssen.»

Es dauerte ewig. Sie benahm sich wie eine Wilde, und Thermal war immer häufiger und immer länger drüben bei Chico. Ich konnte mich morgens nicht mehr gemütlich auf den Teppich legen und die Zeitung lesen; Candy wälzte sich wie von Sinnen auf der Zeitung herum.

Ich konnte nicht damit umgehen. Es ist schlimm genug, wenn Aileen in dieser Phase steckt. Aber wenigstens tut sie es nicht draußen vor dem Haus, während ich den Milchmann bezahle.

Für Thermal war das Ganze um so schlimmer, da in dieser Zeit sämtliche Kater aus der näheren und weiteren Umgebung auf der Treppe Schlange standen. Jedesmal, wenn er den Kopf zur Tür hinausstreckte, mußte er mit einem Angriff rechnen.

Ich gewöhnte es mir an, ihn durch die Katzentür im

Keller hinauszulassen, damit er der Bande ungesehen entkommen konnte. Das klappte eine Weile ganz gut, bis eines Tages Candy mit ihm zusammen hinaussprang und er im Andrang beinahe zu Tode getrampelt wurde.

Schließlich jedoch, als wir alle mit den Nerven fast am Ende waren, wurde sie ruhiger und verwandelte sich wieder in die Candy, die wir alle kannten und liebten, und die Candy, die jeder Kater in der Gegend kennen und lieben wollte, war verschwunden.

Thermal und ich beriefen eine Konferenz ein und beschlossen, Aileen dazu einzuladen. Sie kam nur widerstrebend, als sie hörte, worum es ging.

«Ich finde, wir sollten mit ihr zum Tierarzt gehen», begann ich.

Aileen war unschlüssig. Sie war zwar die Scharen von liebestollen Katern restlos leid, und das Knattern ihrer Motorräder in der Gasse hatte sie fast wahnsinnig gemacht, dennoch zögerte sie.

«Warum lassen wir sie nicht wenigstens einmal Junge bekommen? Einmal wenigstens sollte sie Junge haben», insistierte sie.

Aber Thermal und ich hatten uns schon vor Beginn der Konferenz abgesprochen.

«Ich bin der Meinung, wir sollten es hinter uns bringen.»

Candy war danach eine ganze Woche lang am Boden zerstört. Sie lag matt und müde auf dem Kaminvorleger, und Aileen brachte ihr warme Milch ans Krankenlager.

«Und sie war wirklich schon trächtig?»

«Aber ja.»

«Arme Candy.»

«Überleg doch mal – womöglich hätten hier Scharen von kleinen Dentons rumgewimmelt.»

Thermal schauderte bei der Vorstellung und streckte sein Hinterbein in die Höhe.

«Ich würde gern wissen, wer der Vater war – Ranji vielleicht, der war ja praktisch hier festgewachsen ...»

Sie hielt inne, sprachlos vor Staunen über Thermal, der mit nie erlebter akrobatischer Geschmeidigkeit seine Zunge zu Körperstellen führte, von denen ich nicht einmal gewußt hatte, daß er sie besaß. Er machte immer eine Show daraus, wenn er sich das Hinterteil putzte, aber nie zuvor hatten wir ihn das auf dem Kaminsims tun sehen.

Er spürte, daß das Schweigen ihm galt, und hielt in der Putzarbeit inne. Was ist denn? schien er zu fragen.

«Wir haben nur gerade überlegt, wer der Vater sein könnte.»

Na, mich braucht ihr da nicht anzusehen. Ja, wenn Blicke töten könnten!

16

In den folgenden Wochen arbeiteten wir viel. Ich war an jenem magischen Ort angelangt – Kapitel 13 –, wo aus unerfindlichem Grund das Schreiben plötzlich ganz einfach wird und das Buch sich selbst zu schreiben scheint.

Aileen hatte Kapitel 14 erreicht, wo es aus unerfindlichem Grund plötzlich wieder verdammt mühsam wird und man am liebsten alles hinschmeißen möchte.

Candy übernahm das Kommando im Haus und, vor allem, über Thermal. Er brauchte, fand sie, dringend eine liebevolle Mutter und eine feste Hand. Da sie nahe daran gewesen war, Mutter zu werden, war sie entschlossen, ihn in den Genuß ihrer Erfahrung kommen zu lassen.

Davon jedoch wollte Thermal nichts wissen. Er wollte selbst seinen Weg in der Welt machen und hatte zusammen mit Chico Mendes O'Connell von gegenüber eine kleine Public-Relations-Firma gegründet. Es mangelte ihnen an Startkapital und noch mehr an Erfahrung, aber ihr Enthusiasmus kannte keine Grenzen.

Bei uns im Keller richteten sie ein kleines Büro ein, von dem aus sie ihr Unternehmen leiteten. Sie sahen ihre Aufgabe darin, allen Besuchern ihrer beiden Häuser ein besonders herzliches Willkommen zu bereiten –

eine Oase der Liebenswürdigkeit zu schaffen und dann den Lohn dafür zu ernten.

Die Müllmänner waren die ersten, an denen die beiden Jungunternehmer ihre Technik ausprobierten. Sie ernteten einen freundlichen Klaps auf den Kopf, einen Ritt auf starker Männerschulter, ein abgenagtes Hühnergerippe, ein Hau-ab-du-Biest und ein Mensch-verzieh-dich-endlich.

Dies alles in der ersten Woche. Sie sahen eine goldene Zukunft vor sich.

Am Montag morgen traf sich Thermal mit Chico zu einem Arbeitsfrühstück drüben bei Bridie und kam gegen halb neun zurück, um sein zweites Frühstück zu verlangen. Die kommenden sieben Tage waren zur «Woche des Briefträgers» erklärt worden, und da war genaues Planen angesagt. Sie hätten eine große Wandkarte gebrauchen können, aber Kapitalausgaben dieser Größenordnung kamen nicht in Frage, darum mußten sie improvisieren.

Das Denken war nicht Chicos starke Seite, es ermüdete ihn. Er mußte daher im Büro ein Nickerchen abhalten, während Thermal die erste Wache auf dem Tor in der Gartenmauer übernahm.

Es mußte etwa eine Stunde verstrichen sein, als ich vom Küchenfenster aus den Briefträger kommen sah. Sein Blick war auf ein Bündel Briefe gesenkt, das er in der Hand hielt.

Auch Thermal sah ihn kommen und war hin- und hergerissen zwischen beruflichen Erfordernissen und naturgegebenem Katzeninstinkt.

Er richtete sich also halb auf, streckte sich einmal gründlich mit gesenktem Kopf und hochgestelltem Hinterteil und tat dann so, als bemerkte er einen interessanten Holzsplitter oben auf dem Tor. Er beschnupperte ihn leicht gelangweilt.

Der erste Schritt mußte vom Briefträger kommen. Er hätte sagen sollen: «Hallo, Thermal – wie geht's dir, alter Knabe?» Wenn Thermal der Sinn danach gestanden hätte, ihn zu ignorieren, hätte er das tun können – mit niederschmetternder Wirkung.

Katzen tun selten den ersten Schritt, weil sie es nicht ertragen können, ignoriert zu werden, aber der Postbote wußte das nicht und hielt den Blick immer noch unverwandt auf seine Briefe gerichtet, als er mit Schwung das Tor aufstieß. Thermal flog in hohem Bogen durch die Luft.

Ein paar Minuten später klopfte der Postbote an die Tür und brachte mehrere Briefe für Aileen, eine Rechnung von der Autowerkstatt für mich und einen wutschnaubenden kleinen Kater, der mehr an seelischen als an körperlichen Verletzungen zu leiden schien.

Candy erbarmte sich seiner und versuchte, ihn in das Kinderbettchen zu locken, das sie hinter dem Fernsehapparat hergerichtet hatte. Aber Thermal hatte anderes im Sinn und protestierte energisch.

Sie hörte sich seine Proteste mit einem milden Lächeln und der beharrlichen Geduld einer Zeugin Jehovas an. Dann versuchte sie es wieder.

Er fauchte sie nur an, dann jagte er die Kellertreppe hinunter, um Chico zu wecken und ihm mitzuteilen, daß ihr Geschäftsunternehmen soeben zusammengebrochen war, und Aileen verschwand, um am Bildschirm ihre Briefe zu lesen.

Candy strich mir resigniert seufzend um die Beine, ehe sie sich davonmachte, um die tausend Kleinigkeiten zu erledigen, die zu den Pflichten einer Hausfrau und Mutter gehören. Sie würde ihn schon noch herumkriegen, mit bedingungsloser Liebe, Geduld und Toleranz.

Als mir das Entsetzliche der Werkstattrechnung in seiner ganzen Tragweite bewußt geworden war, überlegte ich, ob ich nicht vielleicht Candy zu den Leuten schikken sollte, damit sie ihnen einmal richtig die Meinung sagte.

Aileen erschien an meiner Seite, in der Hand einen Brief und auf dem Gesicht einen Ausdruck, der bescheiden sein wollte und es nicht ganz schaffte. «Lies mal.»

Es war eine Einladung zum «Festlichen Mittagessen der Frauen des Jahres» im Savoy Hotel in London.

«He, das ist ja toll!»

«Und jetzt das hier.»

Es war ein Brief von zwei Seiten, in dem Miss Aileen Armitage, Schriftstellerin, mitgeteilt wurde, daß sie eine von sechs Anwärterinnen auf den Frinkpreis für die Frau des Jahres war.

«Gratuliere!»

«Ich kann es gar nicht glauben.»

«Aber da steht's doch schwarz auf weiß.»

«Lies es mir vor.»

Aileen kann ihre Briefe selbst lesen, aber das mühsame Entziffern auf dem Bildschirm, Buchstabe um Buchstabe, vermindert das Vergnügen. Darum las ich ihr jetzt den Brief mit BBC-Stimme vor.

«Gewinnen werd ich den Preis sicher nicht.»

«Nein, glaub ich auch nicht.»

«Du Ekel!»

Sie riß mir den Brief aus der Hand, als wäre sie zornig, aber ihr strahlendes Lächeln konnte sie nicht unterdrücken.

«Ich bin stolz auf dich. Eine bessere Wahl hätte der Ausschuß nicht treffen können.»

«Danke. Ich werd das auf jeden Fall feiern.»

«Gut.»

«Ganz gleich, ob ich gewinne oder nicht.» Sie wandte sich zum Gehen. «Und laß uns vorläufig noch niemandem was davon sagen.»

«Wenn du meinst.»

Sie verschwand wieder in ihrem Arbeitszimmer, und keine dreißig Sekunden später hörte ich sie am Telefon, vermutlich mit ihrer jüngsten Tochter. Ich schaute zu ihr hinein.

«Wir sagen vorläufig niemandem was davon, nicht?»

«Es ist doch nur Annie – Familie und Freunde sind was anderes.»

Am Abend feierten wir die erfreuliche Nachricht mit Stil in einem italienischen Restaurant, das uns ein Freund empfohlen hatte.

«Wird euch ungefähr fünfzehn Pfund pro Kopf kosten.»

«Klingt gut.»

Er konnte höchstens einen Teller Suppe und eine Flasche Hauswein zu sich genommen haben – die Werkstattrechnung schien bescheiden im Vergleich.

Aileen trank den letzten Rest Wein, es war ihr fünftes Glas an diesem Abend – so ziemlich der einzige Vorteil, den sie davon hatte, daß sie nicht Auto fahren kann.

«Ich geh mal schnell zur Toilette, während du zahlst.»

«Okay.»

Ich führte sie zur richtigen Tür. Wir sind mittlerweile glänzend eingespielt – ich nehme sie bei der Hand und gebe ihr durch lang geübte Drucksignale die

Richtung an, rechts, links oder geradeaus. Kein Fremder würde merken, daß sie nichts sieht – wir wirken einfach wie ein zärtliches Paar, das wir ja auch sind.

Aus dem Rückweg wird manchmal ein Abenteuer. Sie prägt sich die Ecken und Kurven ein, die Gänge und die Treppen und macht sich mit einem selbstsicheren Lächeln auf den Weg. Manchmal schafft sie es nicht ganz, und ich muß eingreifen. Einmal fragte sie einen Gummibaum nach dem Weg, und einmal marschierte sie direkt in eine Glasscheibe. An diesem Abend war der Kurs für sie abgesteckt, und ich wäre jede Wette eingegangen, daß sie den Rückweg mühelos bewältigen würde.

Als ich wieder am Tisch saß, brachte mir der Wirt die Rechnung auf einem Silbertablett. Ich lächelte den Mann an, verschluckte mich, als ich die Rechnung sah, und griff nach meiner Kreditkarte.

Sie war nicht da. Sie war doch – ich hatte sie doch extra in die obere Tasche gesteckt. Brieftasche und Scheckbuch lassen wir heute abend zu Hause – ich nehme einfach meine Kreditkarte mit.

Aber ich hatte sie nicht mitgenommen. Ich wußte, wo sie war – sie lag im Bad auf dem Fensterbrett, gleich neben der kleinen Flasche Shampoo vom Royal Hotel in Scarborough.

Bleich, aber gefaßt ging ich zur Rezeption in der Ecke. Dem Wirt schien mein Seelenzustand nicht aufzufallen.

«Hoffentlich hat es Ihnen geschmeckt.»

«Sehr, danke – aber ich habe leider meine Access-Karte zu Hause liegen lassen.»

«Selbstverständlich nehmen wir Access. Wir nehmen alles. Wir nehmen American Express, Diners Card . . .»

«Aber ich habe keine –»

«Dann nehmen wir auch einen Scheck – wenn Sie eine Scheckkarte haben.»

«Die liegt zu Hause. Mit meinem Scheckbuch.»

«Wir nehmen auch Barzahlung.»

«Ich habe kein Bargeld mit, aber ...»

Sein Sohn stieß zu uns. So gut mir *Der Pate* gefallen hatte, ich hatte eigentlich kein Verlangen, ihn persönlich kennenzulernen.

«Dieser Mann hier», sagte Papa und breitete die Hände aus, «hat kein Geld.»

«Ich habe das Geld», korrigierte ich. «Aber ich habe es zu Hause gelassen.»

Der Sohn musterte mich mit scharfem Blick, und Papa fragte: «Was sollen wir mit ihm tun?»

Ich habe ein großes Problem – man braucht mich nur irgendeiner Sache zu beschuldigen, und schon fühle ich mich schuldig. In der Schule wurde ich unweigerlich knallrot und schrecklich nervös, wenn die Lehrerin fragte, wer das unflätige Wort an die Tafel geschrieben habe. Ich war es nie, aber ich bekam immer die Prügel.

Diesmal würde ich die Prügel von der Mafia bekommen, und diese Leute würden ihre Sache bestimmt gründlicher machen als damals Miss Urton in der Klasse 4c. Der Sohn rückte mir schon auf den Pelz.

«Warum haben Sie nicht vor dem Essen gesagt, daß Sie kein Geld haben?»

«Da hatte ich es ja noch nicht gemerkt. Hören Sie, ich kann –»

Papa und Sohn palaverten auf italienisch drauflos und schwenkten dabei die Arme, als dirigierten sie ein unsichtbares Orchester. Soweit ich mitbekam, wollte Papa die Polizei holen, während der Sohn dafür war, mich mit dem Buttermesser aufzuspießen, mit dem er herumfuchtelte.

Dann erschien unversehens Aileen, mit schwingenden Hüften und schwingendem rotgoldenen Haar und einem großen Klecks Lippenstift auf der Nasenspitze.

«Fertig?»

«Ich kann die Rechnung nicht zahlen – ich hab meine Kreditkarte zu Hause vergessen.»

«Ach» – sie wandte sich Papa zu –, «dann schicken wir es Ihnen.»

Papa mußte sich vom ersten Gang an in sie vergafft haben. «Entschuldigen Sie», murmelte er und tupfte ihr mit einer weißen Damastserviette den Lippenstift von der Nase. «Es hat keine Eile – wann es Ihnen paßt.»

«Wir schicken es gleich morgen früh ab.»

Ich warf einen Blick auf den Sohn, um festzustellen, ob er vielleicht die Absicht hatte, mich als Geisel festzuhalten, bis der Scheck durch war, aber sein Blick ruhte wie gebannt auf Aileens Haar. Ich dankte ihm für sein Vertrauen.

«Dieser Dame würde ich mein Leben anvertrauen», erklärte er.

«Das sind wirklich nette Leute», bemerkte Aileen beim Hinausgehen.

«Beehren Sie uns wieder», rief Papa uns nach.

Als wir im Wagen saßen, erzählte ich ihr, daß ich zeitweise gefürchtet hatte, sie würden mich abmurksen.

«Ich fand sie ganz reizend», sagte sie.

Wir waren noch gar nicht weit gefahren, als ich einen Blick auf die Benzinuhr warf – aufmerksam gemacht von dem orangefarbenen Blinklicht.

«Wir müssen tanken», sagte ich und fuhr in die nächste Tankstelle. Ich machte den Tank voll. Es kam auf 19 Pfund 27. Dann ging ich zum Nachtschalter, um zu bezahlen. Diesmal muß ich mir aber eine Quittung geben lassen, dachte ich. Das vergesse ich nämlich immer.

«Neunzehn siebenundzwanzig», sagte der Pakistani und grinste freundlich.

Ich erstarrte. «Ich habe meine Kreditkarte verloren», sagte ich. «Und ich glaube, mein Gedächtnis auch.»

Das Grinsen verschwand. «Sie haben kein Geld?» Er schaute zur anderen Seite des Büros hinüber, wo gerade ein riesiger Schäferhund eine Ladung Pal verschlang.

«Einen Augenblick», sagte ich und ging wie in Trance zum Wagen zurück. Als ich die Beifahrertür aufriß, schallte mir Aileens Stimme entgegen, die Eric Clapton begleitete.

«Entschuldige die Störung, Schatz – wie kommst du mit Pakistanis zurecht?»

«Wie meinst du das?»

«Kann ich dir jetzt nicht erklären. Fahr dir einfach mal mit der Bürste durchs Haar und komm mit.»

17

Thermal ist ein Kater, der immer aktiv, immer auf Trab sein muß, und jetzt, da er ohne Beschäftigung war, wirkte er völlig verloren. Er versuchte sich erneut als Blindenkater, aber sein Ehrgeiz hielt nur einen Morgen an. Er war für gute Werke nicht geschaffen, und eine Karriere mit Zukunft war das nun wirklich nicht. Die Bezahlung war kümmerlich, und Aileen trat ihm dauernd auf die Zehen.

Candy entwickelte sich rapide zur Mutter Teresa der Familie. Sie schien den Keller übernommen zu haben, um ihn als Asyl für vom Leben Gebeutelte einzurichten. Das sprach sich schnell herum, und ihr erster Patient humpelte schon am folgenden Morgen kurz vor dem Frühstück die Kellertreppe hinunter.

Sein Schwanz und sein Bauch waren räudig, und er hatte etwas mißtrauisch Geducktes, wie man es häufig bei Katzen sieht, die unter den Grausamkeiten des Zusammenlebens mit Menschen gelitten haben.

Ich bekam die Zuständigkeit für die Verpflegung aufgebrummt, während Candy dafür sorgte, daß er den Keller für sich allein hatte.

Chico durfte Stippvisiten machen, wenn er darauf wartete, daß Bridie vom Einkaufen heimkam, aber Denton war noch nicht halb durch die Klappe, als Mutter Teresa ihn mit einem kurzen linken Haken wieder hinausbeförderte.

Ich nahm meine Aufgabe ernst und bemühte mich nach Kräften, eine ausgewogene Diät für Candys Patienten zusammenzustellen, aber ich merkte bald, daß ich mit Dankbarkeit nicht rechnen durfte. Ihm war von den Zweibeinern Schlimmes widerfahren, und er dachte nicht im Traum daran, diesem Menschen zu trauen, nur weil er einen Napf mit Whiskas in der Hand hielt.

Ich lernte, einzig Candy anzusehen, wenn ich den Keller betrat – einzig zu ihr zu sprechen und so zu tun, als wäre der räudige Fremdling gar nicht vorhanden. Er erstarrte, wenn ich kam, und ich konnte buchstäblich sehen, wie er den Fluchtweg zur Katzenklappe ausmaß, aber solange ich keine Dummheiten machte – etwa versuchte, freundlich zu sein –, blieb er, wo er war.

Ich erstattete Aileen Bericht, und sie linste mit dem Feldstecher durch das Kellerfenster. «Ich kann ihn gar nicht sehen.»

«Er liegt unter dem Boiler. Man sieht nur sein Hinterteil.»

«Wo ist der Boiler?» Sie wollte die Szenen, die ich ihr beschrieb, immer so gern mit eigenen Augen sehen.

«Ah, jetzt seh ich was.»

Sie sah einen Spaten, der neben dem Rasenmäher stand.

«Aber er bewegt sich überhaupt nicht.»

«Horch! Das ist er», sagte ich.

Der alte schwarze Kater hatte ein kurzes, feldwebelhaftes Miauen.

Wir nannten ihn Arthur.

Aileen meinte, er litte an einer seelischen Störung. Die seelische Störung war noch das mindeste, woran

Arthur litt. Irgendwann hatte er sich den Schwanz und beide Hinterbeine gebrochen. Die Brüche waren irgendwie wieder verheilt, wahrscheinlich irgendwo unter einer Hecke, aber der Schwanz war jetzt so gebogen wie ein Schäferstock, und die Beine waren zaundürr und wacklig.

Beim Gehen taumelte er seitwärts, und um sich im Kreis zu drehen, brauchte er den ganzen Keller. Er war einmal ein prächtiger Kater gewesen – jetzt war er eine geschlagene Kreatur.

Thermal war über die Neueinquartierung nicht sehr glücklich, und ich muß sagen, ich konnte es ihm nicht verübeln. Jedesmal, wenn er zu seinem kleinen Örtchen hinter dem Rhabarber wollte, mußte er erst warten, bis Arthur fertig war und wenigstens versucht hatte, es wieder so zu verlassen, wie er es vorgefunden hatte. Thermal saß oft stundenlang zähneknirschend da und hoffte, Arthur würde daran denken, die Spülung zu betätigen.

Eines Morgens verschwand Thermal irgendwann gegen halb sieben. Ich machte mir jetzt keine Sorgen mehr um ihn, er kannte sich ja aus. Aber als er zum Mittagessen nicht erschien, kamen doch die alten Ängste hoch.

Normalerweise pflegte er Schlag zwölf mit wässerndem Maul die Treppe zur Hintertür heraufzukommen. Aber inzwischen war es fast fünf Uhr geworden, und er hatte sich immer noch nicht blicken lassen. Ich schlüpfte in meine Jacke und machte mich auf die Suche. Unterwegs traf ich Candy – sie hatte wohl gerade ihre Samariterbesuche beendet.

«Hast du Thermal gesehen?»

Sie schaute zu mir hoch und kam mit mir. Sie suchte

auf Garagendächern und hohen Mauern, ich in Schuppen und Hütten, aber wir fanden keine Spur von ihm.

Ich weiß, es erscheint übertrieben, daß ich mir so früh am Tag schon solche Sorgen um ihn machte. Aber nach einmonatiger Zwangshaft in einer fremden Garage hatte seine Abenteuerlust gehörig gelitten. Keine Tagesausflüge, keine wilden Nächte. Man konnte die Uhr nach ihm stellen – fast auf die Sekunde.

Candy entdeckte ihn schließlich unten beim Park. Er hockte gut vier Meter über der Straße auf dem Ast eines Baums, und seinem Gesicht nach zu urteilen, fand er es mittlerweile nicht mehr besonders lustig. Er hatte keine Ahnung, wie er da wieder herunterkommen sollte, und ich hatte keine Ahnung, wie er überhaupt hinaufgekommen war.

Der Baum ist nicht zu erklimmen – er hat ein Drahtkorsett um den Stamm und ist völlig glatt. Sogar die Eichhörnchen schlagen einen Bogen um ihn – eine Katze hätte Steigeisen, ein Seil und eine hohe Leiter gebraucht, nur um den untersten Ast zu erreichen.

Ich ging die Leiter holen.

Auf den untersten zwei Sprossen einer Leiter geht es mir noch gut. Ich kann sogar eine Hand loslassen und mich ein bißchen zurücklehnen. Aber sobald es weiter aufwärts geht, bekomme ich Nasenbluten, und meine Knie fangen zu schlottern an. Wenn dann noch das obere Ende der Leiter mit dem Ast eines Baumes hin und her schwingt und der Fuß der Leiter mitten auf einer vielbefahrenen Straße steht, fällt mir das Herz vollends in die Hose.

Ein alter Mann stellte sich unter den Baum, während ich hinaufkletterte. «Sie könnten die Feuerwehr holen – die sind doch für so was da.»

«Aber nein, doch eigentlich nicht.»

«Klar – die retten Katzen und Hunde, die auf einem Baum sitzen und nicht mehr runterkommen.»

Ich konnte mich nicht erinnern, je einen Hund auf einem Baum gesehen zu haben, aber es war tröstlich, den Alten in der Nähe zu wissen, und seine Idee, rund um die Leiter sechs rotweiße Markierungshütchen aufzustellen, war wirklich große Klasse. Ob es in Ordnung war, daß er sie einfach von der Baustelle wegholte, darüber kann man streiten.

«Brauchen Sie noch lang?»

«Ich mache, so schnell ich kann.»

«Ja, die schließen bloß bald.»

«Wer?»

«Die Apotheke. Und dann röchel ich wieder die ganze Nacht.»

«Ich fahr Sie mit dem Wagen hin.»

Man fühlt sich gut, wenn man die Angstschwelle überwunden hat und mit heiler Haut davongekommen ist. Mir war nach Feiern, und Thermal war nach etwas zu Fressen. Wir nahmen also beide einen Happen zu uns, dann legten wir uns zusammen vor den Kamin und bekakelten unser gemeinsames Abenteuer.

Aileen war mit Anna nach Manchester gefahren, aber Candy gesellte sich zu uns und tat, als wäre sie beeindruckt von unserem Mut, mit dem es ja in Wirklichkeit gar nicht so weit her gewesen war.

Ich bin mit Tieren immer schon blendend ausgekommen. Ich komme auch mit Menschen aus, einige meiner besten Freunde sind Menschen, aber zu unseren Genossen aus dem Tierreich hatte ich immer schon eine besondere Beziehung.

Im Zusammensein mit Menschen bin ich mir stets

der gewaltigen intellektuellen Kluft bewußt, die zwischen ihnen und mir besteht, aber im Vergleich zur Durchschnittsmaus bin ich ein intellektueller Riese.

Nehmen wir beispielsweise Thermal. Wenn es darum geht, mit dem Tischtennisball zu dribbeln oder wie der Wind die Samtvorhänge hinaufzuklettern, kann ich ihm nicht das Wasser reichen. Aber wenn ich der Meinung bin, daß es für ihn Zeit ist, den Tischtennisball einzupacken, und er dazu keine Lust hat, gebe ich ihm einfach einen Klaps auf die linke Schulter, und in dem Moment, wo er sich umdreht, nehme ich den Ball neben seiner rechten Pfote weg und stecke ihn ein. Wir machen dieses Spielchen jeden Abend seit seiner Ankunft, und er weiß immer noch nicht, was da eigentlich vor sich geht.

Mit Menschen habe ich Probleme. Menschen wissen so vieles, was ich niemals wissen werde. Sie kennen sich mit Autos aus, sie wissen, wie mein Fernsehapparat funktioniert und warum mein Kopierer dauernd streikt. Erst vergangenen Donnerstag hat mir der Mann von Rank Xerox stundenlang genauestens erklärt, wie mein Kopierer funktioniert, damit ich ihn in Zukunft ordnungsgemäß bedienen kann. Ich habe nicht ein einziges Wort seiner Erklärung verstanden. Ich nickte verständig, wann immer es mir angebracht schien, aber in Wirklichkeit hatte ich mich längst im dichten Wald des Fachjargons verirrt.

Ich versuche, mich damit zu trösten, daß wir alle unsere starken und unsere schwachen Seiten haben. Manche von uns sind technisch begabt, andere nicht. Wenn der Rank-Xerox-Mann einen Tischtennisball mitgehabt hätte, hätte ich den verschwinden lassen können, ohne daß er es gemerkt hätte, und er wäre tief beeindruckt gewesen. Aber er hatte leider keinen mit.

Vor Tieren darf ich mich zum Narren machen, ohne daß sie mich gleich abkanzeln. Vor Thermal mache ich mich oft zum Narren, und nicht ein einziges Mal hat er mich ausgelacht, mich kritisiert oder sich meiner geschämt.

Wir hockten uns hin und spielten «Gasfeuer». Vielleicht spielen Sie nie «Gasfeuer» mit Ihrer Katze, aber dann wahrscheinlich nur deshalb nicht, weil Sie kein Gasfeuer mit schmiedeeisernem Schutzgitter haben.

Es ist ein herrliches Spiel für einen kalten Wintertag. Da kann ich nämlich direkt am Feuer sitzen und meine Finger durch die Löcher des Gitters stecken, während Thermal darunterkriecht und versucht, meine Finger zu haschen, wenn sie auf der anderen Seite herauskommen.

Candy empfahl sich, um im Keller ihre Runde zu machen, und ich hätte ihr gern zugewinkt, aber leider steckte mein Finger in einem scharfkantigen kleinen Loch, und ich bekam ihn nicht mehr heraus. Thermal amüsierte sich köstlich und malträtierte den Finger nach Herzenslust, aber nach einer Weile wurde ihm das Spiel langweilig. Es war zu einfach – im allgemeinen ist es so, daß er manchmal gewinnt und manchmal verliert – immer nur gewinnen macht keinen Spaß. Er kroch heraus, um zu sehen, was los sei.

«Tut mir leid, Sportsfreund, aber mein Finger steckt fest.»

Er schien mich zu verstehen. Er setzte sich an meine Seite und zerbrach sich den Kopf über das Problem.

Mir wurde langsam bange. Mein Finger saß nun schon seit mehr als einer halben Stunde fest und begann anzuschwellen. So etwas Ähnliches war mir schon einmal passiert. Mein Finger blieb in einem dieser blöden Löcher stecken, die sie in Pfannenstiele stanzen. Das tat auch weh, aber ich konnte wenigstens zum Kühlschrank gehen und den Finger mit Butter einreiben.

Jetzt wackelte ich einfach verzweifelt mit butterlosem Finger und zerbrach mir mit Thermal zusammen den Kopf darüber, was da zu tun sei.

Nicht ein einziges Mal sagte Thermal: «Du dämlicher Kerl», oder: «Ich hab dir ja gleich gesagt, daß dein Finger da noch mal steckenbleibt.» Er saß nur mit tief gerunzelter Stirn neben mir und bemühte sich ernsthaft um eine Lösung des Problems.

Die Tatsache, daß er keine Lösung fand, ist unerheblich. Natürlich war es keine reine Freude, als er wieder unter das Gitter tauchte und von neuem anfing, meinen Finger hin und her zu schlagen, daß mir Hören und Sehen verging – aber ich würde meinen, er wollte nur helfen. Eine Art Schocktherapie.

Als Aileen endlich nach Hause kam, hatte ich fast zwei Stunden mit eingeklemmtem Finger dagesessen.

«Ich dachte, du wolltest arbeiten.»

Das war das erste, was sie sagte. Als ich ihr erklärte, daß mein Finger im Gitter festsaß, sagte sie als zweites und drittes: «Du dämlicher Kerl», und: «Ich hab dir ja gleich gesagt, daß dein Finger da noch mal steckenbleibt.»

Von den Menschen handelt man sich nur Kritik ein. Manchmal allerdings bekommt man auch Hilfe. Aileen lief in die Küche und kam mit einer Flasche Salatöl zurück, das sie mir auf den Finger spritzte.

Es dauerte eine ganze Weile, ehe ich ihn frei bekam, vor allem deshalb, weil Thermal auf der anderen Seite das Öl immer wieder ableckte. Aber dann kriegte ich ihn endlich raus, und von da an spielten wir lieber mit dem Tischtennisball.

An diesem Abend kamen Ann und Alex zum Essen.

Thermal auch. Ich holte ein paar gute Sachen aus dem chinesischen Restaurant, und Thermal liebt chinesische Küche. Beim süßsauren Schweinefleisch erzählte Aileen von meinem Finger, und sie lachten sich alle kaputt.

Thermal lachte nicht – er konzentrierte sich auf sein Krupuk.

Das ist es, was ich an Tieren so liebe. Thermal erwartet von mir nicht, daß ich klüger bin als er, obwohl er das Spalier schneller hinaufklettern kann als ich.

Wenn ich das nächste Mal zur Welt komme, werde ich Kater – ich hoffe nur, ich erwische einen Herrn, der so dumm ist wie ich.

Ich mag als Ehemann, Vater und Versorger meine Mängel haben, aber als Katzenbesitzer, Seelenfreund und Fingerwackler bin ich, denke ich, kaum zu übertreffen.

18

Der Tag begann um einiges zu früh für meinen Geschmack. Er platzte schon kurz nach sechs in meine Träume, und ich brauchte ein paar Minuten, ehe ich wach genug war, um erkennen zu können, daß Thermal auf dem Toilettentisch Billard spielte. Er versuchte, Aileens Kontaktlinse mit dem Augenbrauenstift einzulochen.

Ich packte ihn beim Schlafittchen und trug ihn nach unten. Candy blinzelte verschlafen, als wir an ihr vorbeikamen – sie hatte die Nacht auf dem untersten Bord des Teewagens verbracht.

Ich machte die Hintertür auf und setzte Thermal auf den Balkon hinaus. Dann nahm ich die drei Flaschen Milch von der Treppe, steckte den Brief des Milchmanns ein und schloß die Tür hinter mir. Manchmal muß man hart sein.

Ich war dem Milchmann nie begegnet. Er stellte jeden Morgen lange vor sechs zwei Flaschen mit grünem Deckel und eine mit rotem auf die Treppe, und um diese Zeit bin ich, wenn Thermal es erlaubt, im allgemeinen höchstens halbwach und kämpfe mit Aileen um die Decke.

Neben den Flaschen hinterläßt er mir jeden Morgen

ein Briefchen. Angefangen hatte das kurz vor Weihnachten, als ich eines Morgens die Hintertür geöffnet und neun Flaschen mit grünem Deckel, aufgereiht wie Zinnsoldaten, auf der Treppe vorgefunden hatte. Ganz hinten, einsam und verlassen, stand eine Flasche mit rotem Deckel. Sie nahmen sich aus wie eine Fußballmannschaft – wenn man davon ausgeht, daß ein Gründeckel die gelbe Karte bekommen hatte und der Rotdeckel der Torwart war.

Ich nahm sie alle mit hinein und machte im Kühlschrank Platz für sie. Sechs behielt ich selbst, und für die vier anderen fand ich ein liebevolles Zuhause. Dann schrieb ich dem Milchmann einen Brief, erklärte, was geschehen war, und ließ ihn wissen, daß wir für den Rest der Woche keine Milch mehr brauchten.

Ich weiß nicht mehr genau, wie ich mein Schreiben formuliert habe, aber der Milchmann fand es ausgesprochen witzig und hinterließ mir seinerseits ein Briefchen, um mir mitzuteilen, wie angetan er von meinem Humor war. Die meisten seiner Kunden, schrieb er, hätten nicht geruht, bis sie ihn aufgestöbert hätten, und ihm dann die Flaschen nachgeschmissen.

Am nächsten Morgen legte ich ihm wieder einen Zettel hin, in dem ich ihm beteuerte, daß mir so etwas nicht im Traum einfallen würde.

Am folgenden Tag bekam ich einen langen Brief, in dem mir der Milchmann in kleiner, sauberer Handschrift seine Meinung über unsere heutige Gesellschaft auseinandersetzte.

Seitdem hatten wir einander jeden Tag geschrieben, und als ich nach London mußte, ließ ich Aileen einen Stapel Briefe zurück, die sie ihm in meiner Abwesenheit hinlegen sollte. Sie waren alle so abgefaßt, als wären sie von Thermal geschrieben, der sich über das

Scheppern der Kisten beschwerte, das ihn jeden Morgen aus dem tiefsten Schlaf riß. Wenn das nicht bald aufhöre, drohte er, würden er und ein paar Kameraden dem Milchmann eine Abreibung verpassen, die er so schnell nicht vergessen würde.

Als ich zurückkam, überreichte mir Aileen eine ganze Sammlung von Antwortschreiben, alle an Thermal gerichtet, darunter eine Forderung zum Duell mit Gründeckeln auf dreißig Schritt Abstand.

Es hatte viel Spaß gemacht, aber am vergangenen Abend hatte ich mich mit dem Buch herumgeplagt, hatte Geschäftsbriefe schreiben müssen und saß schließlich um zwei Uhr morgens da und überlegte krampfhaft, was ich dem Milchmann denn diesmal Lustiges schreiben könnte.

Das ist ja albern, hatte ich mir gesagt und schließlich nur «zweimal grün, einmal rot» auf einen Zettel geschrieben und den zusammen mit dem Geld für die Woche vor die Tür gelegt.

Draußen läutete es, und als ich öffnete, sah ich den netten alten Mann vor mir, der mir bei Thermals Rettung geholfen hatte.

«Ich wollte Ihnen nur sagen – Ihr Kater hockt wieder auf dem Baum.»

«Auf demselben?»

«Ja.»

«Wie kommt er da bloß rauf?»

«Fragen Sie mich was Leichteres.»

Einen Moment lang war ich versucht, ihn einfach bis zum Abend da oben sitzen zu lassen, aber dann gewann mein gutes Herz die Oberhand.

«Ich hole die Leiter.»

«Und ich stell schon mal die Hütchen hin.»

Ich hatte die Leiter unter dem einen Arm und Thermal unter dem anderen, als der alte Mann mir die Kellertür öffnete. Arthur schoß in blinder Panik durch die Katzenklappe hinaus, als ich die Leiter an die Wand stellte.

«Ah, Sie sind wohl einer von diesen Katzennarren.»

«Nein, eigentlich nicht. Ich bin da nur irgendwie reingerutscht.»

Candy funkelte mich wütend an, weil ich ihre frühmorgendliche Gebetsstunde gestört hatte, und machte sich auf, Arthur zurückzuholen. Der alte Mann nahm mir Thermal ab und betrachtete ihn aufmerksam.

«Sieht ein bißchen blaß aus.»

«Er ist weiß.»

«Trotzdem.»

Thermal sah kerngesund aus – allenfalls war ich etwas blaß um die Nase. Heute morgen war starker Verkehr gewesen, und der Alte hatte ihn vom sicheren Gehweg aus geregelt.

Mir war immer noch schleierhaft, wie Thermal auf den Baum hinaufgekommen war. Er konnte es nur mit einem Trampolin geschafft haben.

«Ich muß jetzt noch zum Einkaufen.»

«Ah ja?»

«Zum Supermarkt. Meine Zigaretten holen.»

«Aha.»

«Es fängt an zu regnen.»

«Soll ich Sie hinfahren?»

«Das wäre wirklich nett.»

Das würde von nun an der Preis sein. Kostenlose Beförderung als Gegenleistung für sein scharfes Auge und seine verkehrstechnischen Hilfeleistungen. Der Gedanke schoß mir durch den Kopf, daß er es vielleicht war, der Thermal immer auf den Baum bugsierte.

Ich inspizierte den Keller. Kay und Stuart Evans hatten sich angesagt und wollten ein paar Tage bleiben. Kay war während meiner frühen Zeit bei der Sendung *Woman's Hour* Redaktionsassistentin gewesen, und Stuart war Schriftsteller wie Aileen. Sie hatten London den Rücken gekehrt und lebten jetzt auf dem Lande – gut möglich, daß das Tempo bei uns in Huddersfield ihnen zuviel werden würde.

«Ist es euch recht, wenn wir die Hunde mitbringen?»

«Wie viele Hunde habt ihr denn?»

Ich sah schon Dutzende von Hunden mit aufgeregt wedelnden Schwänzen durch Wiesen und Wälder jagen.

«Nur zwei – Theakstone und Jennings.»

Tiefes Mitleid mit diesen Hunden erfaßte mich. Mit Kay und Stuart zusammenleben zu müssen, war schon schlimm genug – aber dann auch noch mit den Namen zweier Brauereien geschlagen zu sein! Arme Tiere. Dennoch wollte ich keinesfalls riskieren, daß Thermal und Candy mir womöglich von zwei Trunkenbolden zerrissen wurden.

Die Hunde würden in den Keller wandern.

Als sie dann kamen, waren wir überhaupt nicht vorbereitet, sondern schliefen gerade alle vier den Schlaf des Gerechten. Thermal probierte zur Abwechslung einmal das unterste Bord des Teewagens aus, Candy war ein Brett höher gerückt, Aileen lag auf dem Sofa, und ich schnarchte vor dem Kamin, als es läutete.

Ich öffnete die Tür, und schon spazierten sie herein, Kay und Stuart mit Theakstone und Jennings. Ich konnte den Blick nicht von den Hunden wenden.

«Was sind denn das für Tiere?»

«Niedliche Tiere», versicherte Kay.

«Ja, das glaub ich gern – aber was für eine Rasse ist das?»

Es waren Drahthaardackel, und sie waren wirklich niedlich. Gerade sechs Monate alt und ungefähr acht Zentimeter hoch, sehr ernsthafte kleine Hündchen, die in der Schule offensichtlich sehr gut waren und ihrer Lehrerin nie Kummer bereiteten.

Thermal wird sie sofort k. o. schlagen, dachte ich, und in diesem Moment kamen die beiden Katzen in den Korridor. Theakstone und Jennings rückten enger zusammen und zitterten um die Wette.

«Ihr braucht keine Angst zu haben», beruhigte Kay sie, «das sind nur Katzen.»

Nur, dachte ich. Thermal und Candy standen Seite an Seite und fixierten die beiden kleinen Eindringlinge.

Meine Gedanken rasten – vielleicht hätte ich die Katzen in den Keller sperren sollen. Plötzlich ging Thermal direkt auf Theakstone zu und beschnupperte seine Nase. Theakstone fuhr seine Zunge aus und leckte ihm das Gesicht ab.

Thermal war begeistert. Er rieb seinen Kopf an Theakstones Wange und wandte sich dann Jennings zu.

Candy schnaubte geringschätzig und kehrte zum Teewagen zurück.

Aber später gesellte sie sich doch zu den anderen, und dann tobten sie alle vier durch das Haus – die zwei winzigen Hündchen und meine beiden Katzen, die neben ihnen wie Riesen wirkten.

Am Abend, als wir zu Bett gingen, mußten wir sie mit Gewalt trennen. Einfach war das nicht. Sie lagen alle vier in einem Knäuel unter dem Sideboard, und so schnell, wie wir sie herauszogen, schlüpften sie wieder darunter. Es war die reinste Sisyphusarbeit.

Thermal war am nächsten Morgen zu beschäftigt, um mich zu wecken, unten war viel zuviel los, aber ich hatte anscheinend am Frühaufstehen Geschmack gefunden. Nachdem ich die Tiere gefüttert hatte, setzte ich mich gleich im Büro an die Arbeit. Ich hatte schon eine gute Stunde abgeleistet, ehe die Nachbarn ihre Vorhänge aufzogen, und ich hätte noch mehr geschafft, wenn Thermal nicht plötzlich beschlossen hätte, Theakstone und Jennings die Feinheiten des American Football zu demonstrieren.

Schließlich reichte es mir, und ich beförderte die ganze Bande in den Keller hinunter, wo sie nach Herzenslust herumtollen konnten – Arthur war nirgends zu sehen, vielleicht war er auf Arbeitssuche. Ich kam überhaupt nicht auf den Gedanken, daß Theakstone klein genug war, um durch die Katzenklappe zu entschlüpfen.

Von meinem kleinen Büro aus konnte ich Denton sehen, der pechschwarz und in Lauerhaltung den Gartenweg hinaufschlich. Candy hätte die Blumen beschnuppert – Denton schienen sie nur zu stören. Als Warnung für die anderen köpfte er eine Narzisse.

Er hatte sich eben die Krallen an der Stechpalme gewetzt, als er Thermal um die Ecke kommen sah – allein. Schöner als Weihnachten, muß er gedacht haben. Thermal ohne seine Beschützerin Candy – genau das, was er sich immer gewünscht hatte.

Sofort ließ er sich platt zu Boden fallen und bereitete sich mit wackelndem Hinterteil zum Angriff vor. Thermal war stehengeblieben und blickte über die Schulter nach rückwärts zum Garten.

Denton startete. Blätter und Erde wirbelten hinter ihm in die Höhe, als er hinter dem steinernen Pilz hervorschoß. Wie eine Rakete flog er den Weg hinauf und rannte direkt den vier Reitern der Apokalypse in die Arme. Knurrend, fauchend, zähnefletschend schlugen sie den Bösewicht in die Flucht. Der stürzte sich durch die Hecke und floh über die Straße in den rettenden Park.

Unsere vier Helden johlten ihm höhnisch hinterher, ehe sie in begeistertem Überschwang eine wilde Jagd durch den Vorgarten veranstalteten.

Denton beobachtete sie vom Park aus, sein Gesicht ein Bild des Entsetzens. Er würde monatelang Alpträume haben – oder träumte er vielleicht schon jetzt? Er hätte schwören können, daß zwei dieser Katzen bellten.

19

Der alte Mann hatte mich gefragt, ob ich «einer dieser Katzennarren» sei, und ich hatte es mehr oder weniger bestritten. Ich hatte mich nie als Katzennarr gesehen. Ich mag Katzen, aber ich mag auch Hunde und Kaninchen und Mäuse. Ich war einmal in einer Woche dreimal im Zoo, nur um mir einen Wasserbüffel anzusehen.

Wenn ein Tier mir nur halbwegs entgegenkommt, bin ich Wachs in seinen Pfoten oder Hufen oder was sonst, aber dieser Alte hatte mich mit den Frauen in den Reklamesendungen in einen Topf geworfen, die einem *ad nauseam* erzählen, was ihr kleiner Fifi frißt oder nicht frißt, und das paßte mir überhaupt nicht.

Wie zum Teufel kam ich also dazu, morgens um halb sieben in die Garage zu marschieren, um Arthur zum Frühstück eine Dose Whiskas zu holen?

Thermal und Candy hatten sich ein Fischfilet geteilt, das ich ihnen in der Mikrowelle in zwei Minuten *à point* zubereitet hatte. Aber Arthur mochte Fisch nicht, und darum trottete ich jetzt bei Morgengrauen und Nieselregen mit einer Dose Rind mit Nieren durch die Gegend. Als Arthur mager und humpelnd in den Keller eingezogen war, hatte er alles gefressen, was ich ihm vorsetzte, und meist noch versucht, die Glasur von der Untertasse zu lecken. Aber wenn die Maus satt ist, schmeckt eben das Mehl bitter, und ich wartete nur darauf, daß er sich demnächst beschweren würde, weil sein Weißwein nicht ordnungsgemäß gekühlt war.

Aber eigentlich machte mir der kleine Morgenspaziergang nichts aus. Die frische Luft tat gut. Ich hatte die Nacht durchgearbeitet, und auf meinem Schreibtisch lagen sieben frisch ausgedruckte Seiten.

Mein Schritt war, wenn ich mal so sagen darf, beschwingt, als ich in die Gasse einbog und meinen treuen Thermal auf mich warten sah. Er hatte mitkommen wollen, aber wegen der großen Straße, die ich auf dem Weg zur Garage überqueren mußte, hatte ich sein Angebot ausgeschlagen.

«Nein!»

Er hatte angehalten.

«Sitz!»

Er hatte sich gesetzt.

«Warte!»

Er hatte auf mich gewartet.

«Brav so. Jetzt komm.»

Und er trabte neben mir durch die Gasse wie ein gelehriges kleines Pony. Er war wirklich ein höchst intelligenter kleiner Kater. In Zukunft würde ich etwas mehr Zeit auf seine Erziehung verwenden müssen, er wurde langsam erwachsen, und wer weiß, was wir gemeinsam alles schaffen konnten.

Er sprang auf die Mauer.

«Komm runter!»

Er saß da und starrte mich an, während ich mir auf den Schenkel klopfte.

«Bei Fuß!»

Er warf mir einen verächtlichen Blick zu und richtete seine Aufmerksamkeit auf den großen Schäferhund, der uns gefolgt war und jetzt offensichtlich glaubte, meine Befehle gälten ihm.

Ich drehte mich um und drohte Thermal mit dem Finger.

«Bleib!»

Er stand auf, machte einen Riesenbuckel und trottete dann auf der Mauer davon.

Der Schäferhund saß jetzt direkt neben meinem linken Fuß und erwartete begierig meinen nächsten Befehl.

«Geh nach Hause.»

Den kannte er nicht.

«Hau ab!»

Den kannte er auch nicht, aber mein Ton schien ihn zu ärgern, und er knurrte.

«Braver Hund.»

Er hielt mich in Schach und den Blick unverwandt auf die Dose Katzenfutter gerichtet. Er knurrte noch einmal, tiefer diesmal, ein wenig wie Al Pacino, und schlug seine großen Zähne in die Dose.

Auch meine Finger lagen um die Dose. Ich hielt es für klüger loszulassen, und er trottete mit der Beute in den Fängen davon.

Ich wäre ihm nachgerannt, hätte ihn niedergerungen, die Dose seinen geifernden Lefzen entrissen, aber gerade meldete sich ein Anflug von Kopfschmerzen – und dann wurde meine Aufmerksamkeit von einem großen Lieferwagen abgelenkt, der rückwärts von dem unbebauten Grundstück herunterfuhr.

Vor unserem hinteren Gartentor hielt er einen Moment an, weil der Fahrer erst den kalten Motor noch einmal anlassen und in den Vorwärtsgang schalten mußte. Thermal schien auf ihn gewartet zu haben. Er sprang von der Mauer und ließ sich mit einer Selbstverständlichkeit auf dem Dach der Fahrerkabine nieder, als sei er ein altgeübter Pendler.

Mir stockte der Atem.

Der Lieferwagen rumpelte am Ende der Gasse um die Ecke, und Thermal hockte immer noch wie angenagelt auf dem Kabinendach, die Pfoten eingestemmt, den Hintern zusammengekniffen.

Der Wagen fuhr in Richtung Park Drive. Wenn er nach links abbog, würde er für immer verschwunden sein; bog er nach rechts ab, würde er vorn an unserem Haus vorbeikommen.

Explosionsartig setzte ich mich in Bewegung, katapultierte mich durch das Tor und die Treppe hinunter. Mit gewaltigen Schritten durchmaß ich den Garten. Candy sprang aus dem Gebüsch, ich donnerte an ihr vorbei, weiter zum Vorgarten. Arthur donnerte an mir vorbei, ohne an seine Arthritis zu denken. Er wollte nur sein Frühstück.

Der Lieferwagen war rechts abgebogen und tuckerte die Straße hinauf zum Haus. Im ersten Moment glaubte ich, Thermal sei heruntergefallen, ich konnte ihn oben auf dem Dach nicht sehen. Aber dann schob sich sein Kopf in die Höhe. Einen Moment legte er das Kinn auf ein Schild mit der Aufschrift «Täglich frisches Obst», ehe er, zufrieden, daß der Fahrer seine Anweisungen bis aufs I-Tüpfelchen befolgte, wieder in Deckung ging.

Ich war gerade behende die Treppe runtergesprungen und wollte das Tor aufreißen, als ich mir im Oberschenkel einen Muskel zerrte. Mann, tat das weh! Arthur wußte, wie ich mich fühlte – er schien sich den ganzen Körper gezerrt zu haben und lag der Bewußtlosigkeit nahe unter der Hecke.

Ich mußte den Lieferwagen aufhalten. Ich humpelte

auf die Straße hinaus, aber Thermals Chauffeur hatte das Fahrzeug schon gegenüber vom Park angehalten und ging jetzt über die Straße auf die Häuser zu. Das nahm dem Geschehen etwas von seiner Dringlichkeit, und ich humpelte vorsichtig den Bürgersteig entlang, um zur Stelle zu sein, wenn der Fahrer wiederkam.

Im nächsten Augenblick blieb ich wie angewurzelt stehen, Thermal hatte sich erhoben und lief gemächlich über das Dach zum Heck des Wagens. Flüchtig beschnupperte er eine halbwegs interessante Schraube, dann sprang er mit einer Gelassenheit, als wäre es ein Kinderspiel, in die Luft und landete sicher auf dem überhängenden Ast des unbezwingbaren Baums.

Candy erwartete mich, als ich das Tor aufstieß. Mochten die Wellen um sie herum auch noch so hoch gehen, sie blieb stets ruhig und würdevoll. Niemals geriet sie ins Schwitzen wie wir anderen.

Ich las Arthur unter der Hecke auf und nahm ihn mit. Es war das erste Mal überhaupt, daß er sich von mir anfassen ließ – das erste Mal, daß er sich nicht hinter dem Boiler im Keller verkriechen konnte, bis Candy Entwarnung gab.

Steif vor Angst und Arthritis lag er in meinen Armen.

«Nun komm schon, Arthur. Ich glaub, ich hab da noch ein Schweinekotelett, das dir schmecken könnte. Und danach kannst du mir mit der Leiter helfen.»

Ich hatte es nicht allzu eilig, Thermal vom Baum runterzuholen. Ich wollte ihn da oben auf seinem Ast ruhig eine Weile schmoren lassen; wenigstens bis der Reiz des Neuen nachgelassen hatte und er von Nässe und Kälte geplagt einsehen würde, daß es bessere Möglichkeiten gab, sich den Morgen zu vertreiben.

Arthur lutschte schmatzend sein Schweinekotelett und gebrauchte seinen Zahn nur bei den knusprigen Stellen. Ich hörte, wie er das Fleisch durch die ganze Küche schleifte, während ich in meinem Büro am Schreibtisch saß und zu arbeiten versuchte.

Aber meine Gedanken waren nicht bei der Arbeit. Ich hatte Angst, Thermal könnte vom Baum fallen oder auf das Dach eines vorüberfahrenden Doppeldeckerbusses hinunterspringen und in Manchester landen. Ich widerstand meinen Ängsten nur eine halbe Stunde lang, dann holte ich wieder einmal die Leiter aus dem Keller, schwang mich auf mein weißes Streitroß und preschte los, einen kleinen Kater zu retten, der mittlerweile wahrscheinlich vor Angst und Schrecken außer sich war.

Irrtum. Er amüsierte sich königlich. Jogger winkten ihm aus dem Park zu und machten die Rentner auf ihn aufmerksam, die ihren müden Gliedern auf den Parkbänken Rast gönnten. Lastwagenfahrer, die bei einem späten Frühstück saßen, legten ihre Zeitung weg und versuchten, ihn mit Schinkenbrötchen und Hamburgern herunterzulocken.

Er gab an wie eine Lore Affen. Um ihnen zu imponieren, zog er eine Schau ab, die nicht nur gymnastische Übungen und akrobatische Kunststücke bot, sondern auch Demonstrationen im Zweigleinzwirbeln und im Blätterhaschen. Das Ganze krönte er mit einer Kür auf dem Schwebebalken, bei deren Anblick allen der Atem stockte.

Das Volk jubelte ihm zu, als ich ihn mir schnappte und die Leiter hinuntertrug. Er lehnte sich über meine Schulter und nickte dankend.

An diesem Abend hielt ich nach dem Lieferwagen Ausschau, und tatsächlich, gegen sechs Uhr tuckerte er die Gasse hinauf und hielt neben der Mauer an. Ich lief die Treppe runter und zum Tor hinaus. Der Fahrer zwängte seinen Wagen gerade zwischen zwei Fahrzeuge, die auf dem Grundstück parkten. Dann stieg er aus, schloß die verbeulte Tür ab und trat zurück, um zu sehen, ob sein Wagen auch richtig stand.

«Kann ich Sie einen Moment sprechen?»

«Klar.»

Er hatte etwas Resignatives und sehr Langmütiges an sich, genau wie sein Wagen. Er wartete nur darauf, daß ich sagen würde: Sie wollen die Kiste doch nicht etwa hier stehen lassen?

Als ich ihm von Thermals heimlichen Freifahrten auf seinem Wagendach erzählte, wurde er sichtlich lokkerer.

«Tja, das geht natürlich nicht. Ich kenn den Kleinen – niedlicher Kerl. Ich werd die Augen offenhalten und ihn verscheuchen, wenn er wieder aufspringen will.»

Wir schwatzten noch ein wenig über das Obstgeschäft – das war anscheinend auch nicht mehr das, was es einmal gewesen war –, dann sagte er: «Der Milchmann hat heute morgen übrigens nach Ihnen gefragt. Er wollte wissen, ob Sie vielleicht krank sind oder was. Er sagte, Sie hätten ihm gar keinen Brief hingelegt.»

Ich erklärte, ich hätte nicht mehr die Zeit dazu.

«Ich verbrauche ja fast soviel Zeit für die Briefe an den Milchmann wie für meine Bücher.»

Dafür hatte er volles Verständnis, fand es aber jammerschade. «Wissen Sie, daß er kurz vor Weihnachten seine Frau verloren hat? Er hat mir erzählt, nur Ihre Briefe und die Arbeit an den Antworten hätten ihn in den letzten Monaten über Wasser gehalten.»

Auf dem Rückweg zum Haus hatte ich das Gefühl,

man hätte mir soeben mit zwei Gründeckeln und einem Rotdeckel eins über den Schädel gegeben. Ich holte Thermal aus dem Wäscheschrank, und wir arbeiteten gemeinsam den Brief für den nächsten Morgen aus.

Tut mir leid, ich war krank – aber jetzt geht alles wieder seinen normalen Gang, und ich muß Sie gleich mit einer sehr ernsten Angelegenheit konfrontieren.

Thermal hat mir zur Kenntnis gebracht, daß Sie gestern mutwillig und ohne jegliche Provokation von seiten Thermals seinen Tischtennisball unter den Geräteschuppen getreten haben, so daß er für einen so kleinen Kerl mit so kurzen Beinen absolut nicht mehr erreichbar war.

Sollte das so weitergehen, so wird Thermal sich in dieser Sache an seinen Anwalt wenden, und er rät Ihnen dringend zu bedenken, daß sein Anwalt viel größer ist als Sie. Er hat einen schwarzen Gürtel in Karate, einen grünen Gürtel in Judo und zwei Paar sehr elegante rot und grün gemusterte Hosenträger.

Thermals Anwalt ist auf kurze Prozesse mit rauhbeinigen Milchmännern spezialisiert, die kleine Kater tyrannisieren, und kann eine lange Erfolgsliste vorweisen. Sie wären gut beraten, einen außergerichtlichen Vergleich anzustreben.

Thermal ist bereit, sich mit einer schriftlichen Entschuldigung von Ihnen und einem kleinen Karton Schlagsahne anstelle von Schmerzensgeld zufriedenzugeben.

Zu vermerken wäre noch, daß der Tischtennisball nicht mehr die Form besitzt, die er besaß, ehe Sie ihn unter den Schuppen getreten haben – er hat jetzt Ekken. Da jedoch das Spiel mit ihm jetzt viel lustiger ist, beabsichtigen wir nicht, davon weiteres Aufhebens zu machen.

Thermal Longden, im Beisein seines Besitzers

Ich sah den Brief noch einmal durch, und Thermal prüfte die Rechtschreibung.

So ein Quatsch, dachte ich, als ich den Brief zu den Milchflaschen hinauslegte. Aber man weiß eben nie, wie wichtig ein bißchen Quatsch manchmal sein kann, nicht?

20

Arthur saß gleich neben der Korridortür. Abgesehen von jenem einen Mal, als seine Beine es nicht mehr getan hatten und ich ihn in die Küche geschleppt hatte, war er noch nie weiter ins Haus gekommen. Oft genug hatten wir ihn eingeladen, sich zu uns an den Kamin zu setzen, aber er hatte immer abgelehnt. Er war ein Kellerkater, genau wie vor ihm sein Vater und sein Großvater, und er kam nur ab und zu mal auf einen Sprung nach oben, um sich ein Schlückchen Milch zu erbitten oder uns aufzufordern, freundlicherweise etwas weniger Krach zu machen.

Thermal und Candy saßen rechts und links vom Koffer auf dem chinesischen Teppich und sahen aus, als stünde das Ende der Welt unmittelbar bevor. «Wenn sie erst mal dort sind, werden sie sich pudelwohl fühlen», behauptete Aileen, aber sie konnte ja diese gequälten Blicke stummen Vorwurfs nicht sehen.

Arthur erhob sich und machte uns mit aller Würde, die ihm zu Gebote stand, seine Position klar: Ich jedenfalls fahre nirgendwohin. Er begann rundlich zu werden, unser Arthur. Auf den kahlen Stellen sprießte zarter Flaum, und das, was er an Fell mitgebracht hatte, besaß jetzt einen gesunden Glanz. Trotz allem aber sah er noch immer ziemlich mickrig aus, und bei seinem

Bemühen, Würde zu zeigen, konnte man nur stumm lächeln.

Bridie würde ihn während unserer Abwesenheit versorgen. Er brauchte wenig, nur einen Tropfen Milch, ein freundliches Wort ab und zu und zweimal täglich eine Schaufel voll Whiskas.

Wir verstauten das Gepäck im Kofferraum und die Katzen auf dem Rücksitz und traten die Fahrt zu dem Fünf-Sterne-Katzenhotel an, von dem wir viel Gutes gehört hatten.

Ich weiß nicht, was ich erwartet hatte, ein Einzelzimmer vielleicht mit Dusche und Farbfernseher. Rückblickend war es zweifellos etwas übertrieben, für einen Preis von 1,75 pro Tag solchen Komfort zu erwarten. Die Zimmer entpuppten sich denn auch als zwei kleine Appartements in einer Art Kaninchenbau im Hochhausstil.

Es gab einen zweigeteilten Futternapf mit einer Portion Trockenfleisch in der einen Schale und Wasser in der anderen. Candy hatte seit ihrer frühesten Kindheit kein Wasser mehr angerührt und war keineswegs bereit, ihre Gewohnheiten zu ändern.

Thermal war schockiert. Der Boden seiner Behausung war mit Zeitungspapier ausgelegt – mit dem *Independent* vom 23. Februar. Den hatte er längst gelesen und war höchst ungehalten.

Die Begegnung mit Mrs. Kaufman stimmte uns wieder etwas zuversichtlicher. Sie war eine nette alte Dame, und ihre Jacke war voller Katzenhaare. Sie schien ihre Schützlinge alle ab und zu mal ans Herz zu drücken.

«Zweimal am Tag lassen wir sie hinaus», sagte sie uns, und unsere beiden Katzen tauschten einen Blick.

Ich wußte genau, was sie dachten – ein unterirdischer Tunnel, dachten sie.

Doch das unternehmungslustige Funkeln in ihren Augen war schon wieder erloschen, als wir Abschied nahmen. Wie könnt ihr nur? sagten ihre Blicke, und ich kam mir vor wie der letzte Katzenschinder.

Ins Savoy Hotel hätten sie sie bestimmt nicht hineingelassen. Sie wollten ja noch nicht einmal mich hineinlassen – jedenfalls nicht in den Saal, in dem das Festessen zu Ehren der Frauen des Jahres stattfand. Aileen wurde einfach von meiner Seite gerissen, sobald wir die Füße auf die Schwelle zum *River Room* setzten.

Ich lungerte draußen auf dem Treppenabsatz herum, in der Hoffnung, wenigstens einen Blick auf sie zu erhaschen, wenn sie die Haupttreppe hinaufgeleitet wurde, um der Herzogin von Kent vorgestellt zu werden. Nach einer Weile begann sich mein kleiner Treppenabsatz mit Leuten zu füllen, die irgendwo im Hotel falsch abgebogen waren und jetzt Schlange standen, um sich durch die schmale Tür zu drängen.

Ich entschuldigte mich höflich und trat den Rückzug zum Hauptportal des Hotels an. Plötzlich flog neben mir eine Tür auf. Eine Frau, deren Gesicht mir sehr vertraut war, eilte heraus, blieb stehen, sah sich verwirrt um.

«Ach, entschuldigen Sie», sagte Su Pollard, die berühmte Schauspielerin, zu mir, «haben Sie eine Ahnung, wo diese Frauengeschichte stattfindet?»

«Ja, ich komme gerade von dort.»

«Könnten Sie mich netterweise hinbringen? Ich verlaufe mich nämlich ständig.»

Zweimal kam sie mir unterwegs abhanden, und ich hatte Mühe, sie wiederzufinden. Danach nahm ich sie einfach bei der Hand, um sicherzustellen, daß wir denselben Weg gingen.

«Sind Sie hier beschäftigt?» fragte sie mich.

«Nein, meine Frau nimmt an dem Essen teil.»

«Ah, da will ich auch hin.»

Nach ein paar Fehlversuchen glückte es mir, den kleinen Treppenvorplatz wiederzufinden. Dort war jetzt alles leer, aber an der Tür stand ein weiblicher Wachposten. Mit dem Arm versperrte sie uns den Zutritt.

«Sie dürfen da nicht hinein.»

«Ich will ja auch gar nicht – nur die Dame hier.»

Sie wandte sich Su zu und hielt ihr extravagantes Ensemble offenbar für irgendeine afrikanische Nationaltracht. Sie sprach sehr laut und deutlich, damit die Schauspielerin sie auch verstehen konnte. «Haben Sie eine Einladung?»

«Aber ja – sie liegt zu Hause auf dem Büfett.»

«Und das Namensschildchen?»

«Das liegt auch auf dem Büfett.»

«Dann kann ich Sie leider nicht hineinlassen.»

«Können Sie denn nicht ausnahmsweise ein Auge zudrücken? Ehrlich, ich bin ziemlich berühmt.»

Sie konnte nicht. Wir stellten uns auf Zehenspitzen und verfolgten die vorüberziehende Prozession durch einen Vorhang schaukelnder Ohrgehänge und über eine wogende Masse von Schulterpolstern hinweg.

Ich flüsterte meiner neuen Freundin zu: «Ich wollte, ich wär zwei Meter groß, dann könnte ich meine Frau sehen.»

Sie fand es empörend, daß ich meine Frau nicht sehen konnte.

«Na, dann kommen Sie!» rief sie. «Sie können sich auf meine Schultern setzen, wenn Sie wollen.» Und damit bückte sie sich, damit ich aufsitzen konnte.

Aber das tat ich nicht. Ich begnügte mich damit, Aileens Scheitel zu beobachten, der sich einen Moment in nickendem Einverständnis mit dem der Herzogin von Kent befand und dann weiterwanderte.

Sie ließen Su Pollard hinein, ehe ich ging.

Mit einem belegten Brot in der einen Hand und einem Becher Tee in der anderen wanderte ich eine Weile in Covent Garden herum, aber schon bald war es Zeit, zum Savoy zurückzukehren.

Ich sah mir die Feierlichkeiten an einem BBC-Monitor im Presseraum an und setzte mich hinten in eine Reihe von Reportern. Die Kamera nahm Aileen aufs Korn, wie sie gerade mit ihrer Birne Helene kämpfte.

Sie jagte sie über den ganzen Teller, aber das Birnchen hatte es in sich und ließ sich so leicht nicht fangen. Aileen gab dem teuflischen Ding eins mit dem Löffel, daß es verdutzt liegenblieb, und stieß ihm den Löffel in den Leib. Als sie den Löffel zum Mund führte, war er leer, aber sie leckte ihn dennoch ab.

«Die gefällt mir», sagte ein Reporter. «Die ist nett.»

«Die Schriftstellerin?» fragte sein Kollege.

«Ja. Ich wünsch ihr, daß sie gewinnt.»

«Ich auch.»

Ich beugte mich vor. Am liebsten hätte ich jedem der beiden einen Kuß gegeben, aber ich tat es nicht.

«Sie ist meine Frau», sagte ich, als Aileen in Großaufnahme die Stirn runzelte und von neuem auf die Birne Jagd machte. Eine Hand mit einer Gabel schob sich am linken untern Rand ins Bild, wartete, bis die Birne wieder vorbeikam, und spießte sie dann blitzschnell auf.

Aileen lächelte ihrem unsichtbaren Helfer zu und machte sich dann über ihr Eis her.

«Wir drücken die Daumen», sagten die Reporter.

Sie war immer noch in Champagnerlaune, als wir am nächsten Morgen in Richtung zur Katzenpension von der Autobahn abbogen. Auf dem Rücksitz des Wagens lag ein *Daily Telegraph*, auf Seite 4 aufgeschlagen, die ein großes Bild von Aileen zeigte. Darüber stand in dikken schwarzen Lettern: *Blinde Romanautorin Frau des Jahres*.

Wir hatten auf der ganzen Fahrt ununterbrochen gequasselt und waren immer noch nicht fertig. Aileen schwebte auf Wolken.

«Die Herzogin sagte, sie hätte mehrere meiner Bücher gelesen.»

«Das freut mich für sie.»

«Sie sagte, meine Bluse gefalle ihr.»

«Es ist ja auch eine hübsche Bluse.»

«Ich hoffe nur, den Katzen geht's gut.»

«Hat sie das auch gesagt?»

«Nein, das hab ich gesagt.»

«Zur Herzogin?»

«Nein, zu dir.»

Es ging ihnen nicht gut. Es ging ihnen ganz entschieden nicht gut, und sie zögerten nicht einen Moment, uns das wissen zu lassen.

«Sie waren sehr ungezogen», teilte Mrs. Kaufman uns mit, und Thermal funkelte sie böse an.

«Er hat sein ganzes Futter aus dem Käfig geworfen und mich dann auch noch am Arm gekratzt. Wenn Sie sie das nächste Mal bringen . . .»

Ein nächstes Mal würde es nicht geben. Wenn ich sie wirklich wieder einmal allein lassen müßte, würde ich sie zu Hause lassen und Bridies Obhut anvertrauen.

Arthur hatte herrliche Zeiten verlebt. Er hatte sich kaum von seinem Boiler wegbewegt, er hatte zwei, drei, vier, fünf Gänge hinuntergeschlungen, wie Bridie uns berichtete, und er sah aus, als würde er gleich platzen.

Thermal war so glücklich und aufgeregt, wieder zu Hause zu sein, daß er alle Vorwürfe vergaß, und kaum sah er seine Rosine wieder, geriet er völlig aus dem Häuschen. Sie tollten durch das ganze Haus, sprangen auf alle Fensterbretter, jagten treppauf, treppab, bis sie völlig erschöpft waren. Dann machten sie es sich auf dem Telefax bequem.

Ich schob ein Fischfilet in die Mikrowelle, und beim zweiten Signal waren sie beide schon in der Küche, die Rosine allerdings mit einigem Widerstreben, die Küche war ihr nie so recht geheuer.

Candy hingegen weigerte sich zu fressen, weigerte sich, überhaupt etwas zu tun. Sie saß nur mit dem Rükken zu uns unter Aileens Schreibtisch und ließ uns leiden. Trotz war das nicht. Sie war tief verletzt und konnte nicht verstehen, wie wir es fertiggebracht hatten, sie an einen so schrecklichen Ort zu bringen.

Ich tat mein Bestes. «Komm, Schatz. Komm, du mußt doch was fressen.»

Sie drehte langsam den Kopf und sah mich an. Ihr Blick sagte mehr als alle Worte, und ich verstand, daß sie Zeit brauchte, sich das alles durch den Kopf gehen zu lassen – wenn es mir nichts ausmachte.

Patrick, unser Nachbar, rief an und lud uns ein. Er und Sarah hatten sich die Preisverleihung im Fernsehen angeschaut, und sie wollten mit uns anstoßen.

Wir stießen einmal an und dann noch einmal und dann noch mehrmals im Lauf des langen Abends. Aileen stieß das obligate Glas schon ziemlich bald um, so daß ich mich von da an entspannen und das gesellige Beisammensein genießen konnte. Ein Glas geht bei ihr immer zu Bruch, aber ich habe noch nie erlebt, daß sie zwei zerbrochen hat.

Es war schon nach Mitternacht, als wir aufbrachen. Als Patrick die Verandatür öffnete, klapperte irgend etwas laut und vernehmlich.

«Was war denn das?» fragte Aileen.

«Das Katzentürchen», antwortete Patrick.

«Katzentürchen? Ich wußte gar nicht, daß ihr eine Katze habt.»

«Wir haben auch keine», versetzte Patrick und warf mir einen Blick zu. «Aber wir hatten mal eine – vielleicht erinnert ihr euch.»

Candy hockte immer noch unter Aileens Schreibtisch, als ich nach ihr sah. Sie war mit dem Nachdenken noch nicht fertig, und ich ließ sie in Frieden. Ich hoffte nur, es würde nicht mehr zu lange dauern.

Als Aileen die Schlafzimmertür öffnete, sah ich Thermal behaglich auf der Daunendecke ausgestreckt. Ich beschloß, ihn mir gleich vorzuknöpfen.

«Du hast mir nie erzählt, daß du ein Katzentürchen hattest.»

Er war natürlich viel zu verlegen, um mir darauf eine Antwort zu geben.

«Als du klein warst – da hättest du jederzeit ins Haus gehen können.»

Er ignorierte mich beharrlich.

«Du hast mich zum Narren gehalten, stimmt's?»

Er schnarchte. Er schlief fest, und ich beschloß, die Sache fürs erste auf sich beruhen zu lassen und beim Frühstück darauf zurückzukommen.

Es muß dann so gegen fünf Uhr morgens gewesen

sein, als ich plötzlich von dem seltsamen Gefühl erwachte, daß eine Katze über meinen Körper marschierte. Das seltsame Gefühl streifte meine Wange, rutschte unter die Decke und kuschelte sich in meine Armbeuge.

Ich bewegte vorsichtig die Beine. Ja, Thermal lag immer noch dick und rund quer über meinen Füßen.

Dann zauste gedämpftes Schnurren das einsame Haar auf meiner Brust, und ich lächelte still in mich hinein – Candy hatte es sich offenbar überlegt und mir verziehen.

21

Thermal und Candy spielten im Garten mit Chico Fußball für drei – das ist eine Version des Spiels, die man nicht allzu häufig zu sehen bekommt. Arthur saß da auf dem Balkon und putzte stolz den Flaum an seinen Beinen und auf seiner Brust. Er war mit sich und der Welt zufrieden und saß mit Vorliebe dort oben und plusterte sich auf, während seine ehemaligen Weggenossen unten die Mülltonnen unsicher machten.

Bridie saß mit mir auf der untersten Treppenstufe und coachte Chico vom Spielfeldrand. Er besaß ein angeborenes Talent für das Spiel: befeuert von einem Funken irischen Individualismus, verfügte er über hervorragende Ballkontrolle und schaffte es immer wieder, die gegnerische Verteidigung zu durchbrechen, nur um im letzten Moment auf gemeinste Weise gelegt zu werden.

«Das war wirklich nicht fair, Thermal», rief Bridie, aber Thermal war das schnuppe.

Wenige Minuten zuvor noch hatte ich mich als wichtiger Mitarbeiter des BBC-Fernsehteams gefühlt, das oben in Aileens Arbeitszimmer ein Interview aufnahm. Die Mannschaft bestand aus einem Produzenten, einer Interviewerin, einem Kameramann, einem Beleuchter, einem Toningenieur, dem Produktionsassistenten und mir, und wir arbeiteten glänzend zusammen.

«Wer möchte Tee?»

«Zwei Stück Zucker bitte – keine Milch.»

«Kein Zucker, wenig Milch.»

«Nicht zu stark, viel Milch, keinen Zucker.»

«Haben Sie Zitrone?»

«Kaffee bitte, Saccharin, wenn Sie welches dahaben, und höchstens einen Tropfen Milch.»

Und ich hatte tatsächlich alles richtig im Kopf behalten. Ich wußte zwar nicht mehr, wer was bestellt hatte, aber das handelten sie untereinander aus, und die anfänglichen Grimassen machten allgemeiner Zufriedenheit Platz, als jeder das Seine gefunden hatte. Die Leute vom Fernsehen haben immer trockene Kehlen; hier sah ich eine Zukunft für mich.

Aber Thermal verpatzte mir alle Chancen auf eine Karriere beim Fernsehen. Er flitzte einem losen Kabel hinterher ins Zimmer und war begeistert von der Menschenmenge.

Für eine Party ist er immer zu haben. Er ist die typische Betriebsnudel, und sofort sprang er Aileen auf den Schoß, um von ihr zu erfahren, was hier vorging.

Die Interviewerin war entschlossen, sich nicht aus der Ruhe bringen zu lassen. «Macht Ihre starke Kurzsichtigkeit Ihnen bei der schriftstellerischen Arbeit nicht sehr zu schaffen?»

«Na ja, ich . . .» Aileen hätte den Satz gern zu Ende gesprochen, aber da hatte Thermal schon das winzige Mikrofon entdeckt, das an ihrem Revers festgeklemmt war. Erst schlug er es mit einem rechten Haken groggy, und ehe das arme Ding wußte, wie ihm geschah, hatte er es schon zwischen den Zähnen. Dann sah er den Draht, der zwischen Aileens Brüsten verschwand, und beschloß, dort hinunterzutauchen, um dieser Sache ein für allemal auf den Grund zu gehen.

Der Toningenieur verdrehte die Augen und riß sich den Kopfhörer herunter. Der Produzent stürzte sich auf Aileen und tauchte der Katze hinterher.

Es dauerte eine Weile, ehe die Arbeit wiederaufgenommen werden konnte. Der Produzent bewies mir sein Vertrauen, indem er mich vom Teeküchenchef zum ordentlichen Katzenaufseher beförderte.

«Das tut mir wirklich leid», sagte Aileen, «aber sehen Sie, Thermal sitzt sehr oft bei mir auf dem Schreibtisch und schaut mir beim Tippen zu.»

«Das ist gar kein schlechter Gedanke», meinte der Produzent nachdenklich. «Versuchen wir das doch mal.»

Sie hätten eigentlich nach seinem ersten Auftritt wissen müssen, daß Thermal sich nicht zum Statisten eignet. Einen Moment lang saß er da und beobachtete Aileens Finger, die über die Tasten flogen, aber als sie kurz innehielt, um etwas zu erklären, trat er selbst in die Tasten und zauberte das schönste Kauderwelsch auf den Bildschirm. Dann lehnte er sich lässig an Aileens Schulter und grinste in die Kamera.

«Okay, raus mit ihm.»

Er wurde dem ordentlichen Katzenaufseher übergeben, der jetzt um seine Stellung bangte.

«Wie wär's mit einer Tasse Tee für die ganze Mannschaft?»

«Nein, danke. Es reicht, wenn Sie den Burschen da rausbringen.»

Daraufhin hatten sie die Tür zum Arbeitszimmer hinter mir geschlossen, und es gab für mich kein Hineinkommen mehr – Störungen hatten sie für einen Tag genug gehabt. Also hatte ich unseren Wunderknaben in den Garten hinuntergetragen, wo Bridie mit Chico unter dem Arm auf uns gewartet hatte.

«Hören Sie sich das an.»

Alle drei starrten wir Chico an und warteten darauf, was er zu sagen hatte.

«Na, komm schon, Chico.»

Chico ist der große Schweigsame, ganz ungewöhnlich für einen Iren und noch ungewöhnlicher für einen O'Connell.

«Los, komm schon!»

Bridie puffte ihn in die Rippen, und er beschwerte sich bitterlich mit einem heiseren Krächzen.

«Na bitte», sagte sie. «Glauben Sie, er ist im Stimmbruch?»

Das Fußballspiel hatte ein Ende, als der Postbote über das Spielfeld marschierte und die Spieler das Weite suchten. Ich streckte den Arm nach den Briefen aus, die er vor sich in der Hand hielt, aber er hatte den Kopf gesenkt wie gewöhnlich und ging direkt an mir vorüber, um die Treppe hinaufzusteigen.

Arthur geriet in Panik und kam eiligst heruntergehumpelt, Thermal schoß an ihm vorbei nach oben, Candy und Chico gingen mit Bridie davon, um über Taktik zu diskutieren.

Er war nicht der schnellste Postbote von Huddersfield. Es war mittlerweile fast Mittag, und wenn er bei seiner täglichen Runde das gleiche Tempo vorlegte wie beim Treppensteigen, war es ein Wunder, daß er überhaupt hier angekommen war. Als er eine Handvoll Briefe durch den Schlitz schob, sagte ich: «Entschuldigung», ging an ihm vorbei und hob die Briefe von der Matte auf. Die Tür stand jetzt weit offen, aber er schob auch das nächste Bündel Post durch den Briefkastenschlitz, und ich mußte mehrere Briefe aus der Tasche eines Mantels ziehen, der hinter der Tür an der Wand hing.

«Wie lang soll das eigentlich noch so weitergehen?» fragte er barsch.

«Was denn?»

Er hielt mehrere Päckchen und ein Paket hoch. «Sie sind der Letzte auf meiner Runde. Den ganzen Weg hab ich das Zeug hier mitschleppen müssen – und so geht das schon eine ganze Woche.»

Die Produktionsassistentin tippte mir auf die Schulter. «Könnte ich vielleicht noch eine Tasse Tee haben?»

Ich hatte meinen Job wieder – es war immer noch Zeit, einen guten Eindruck zu machen.

«Sofort.» Ich wandte mich wieder dem Postboten zu. «Möchten Sie auch eine Tasse?»

«Nein, danke – ich wohne gleich auf der anderen Seite vom Park.»

«Was hat das denn damit zu tun?» fragte die junge Frau. «Trinken Sie da drüben keinen Tee?»

«Doch, doch.» Er reichte mir die Päckchen. «Aber meine Frau beobachtet mich jetzt gerade durch den Feldstecher.»

Die Produktionsassistentin und ich schauten angestrengt zur anderen Seite des Parks hinüber.

«Sie beobachtet Sie durch den Feldstecher?»

«Genau. Wenn ich auf eine Tasse Tee mit einer Dame ins Haus ginge, würde sie mir ganz schön den Marsch blasen.»

Ich wollte ihn gerade darauf aufmerksam machen, daß ich ja wohl kaum mit einer Dame zu verwechseln sei, als er sich vorbeugte und die Produktionsassistentin fragte: «Entschuldigen Sie, würden Sie mir einen Gefallen tun?»

«Wenn ich kann.»

Er rückte ein Stück zur Seite und wies auf eine Lücke zwischen den Bäumen. «Ich wohne gleich da drüben. Würden Sie einen Moment auf den Balkon rauskommen und da rüberwinken?»

«Wozu denn?»

«Es würde mich einfach freuen – und meine Frau auch.»

«Na schön, wenn's Ihnen so wichtig ist.» Sie trat durch die Tür hinaus und hob etwas genant einen Arm. «Ist es so in Ordnung?»

«Noch einmal, wenn's geht. Sie hat's vielleicht beim ersten Mal nicht gesehen.»

Sie winkte der unsichtbaren Feindin noch einmal zu und drehte sich um, um wieder ins Haus zu gehen, als sie Thermal auf dem Dach sitzen sah.

«Wie ist der denn da raufgekommen?»

Es ist wirklich ziemlich aufregend, wenn man zum ersten Mal einen kleinen Kater vier Stockwerke über der Erde auf einem Kamin sitzen sieht. Und noch aufregender ist es, wenn man ihm zusieht, wie er auf spitzen Pfötchen die Dachrinne entlangtänzelt.

«Im Grund ist es ganz einfach», erklärte ich. «Er springt vom Bett auf den Toilettentisch und von da auf den Schrank. Und dann klettert er durch das Fenster aufs Dach hinaus. Er jagt den Vögeln jedesmal einen Riesenschrecken ein, wenn er antanzt, während sie gerade ihren Mittagsschlaf halten.»

Sie betrachtete Thermal voll staunender Bewunderung, während ich sprach. Er bemerkte ihren Blick, wurde sofort geziert und fing an, auf dem Giebel herumzuturnen, um ihr zu imponieren.

Der Postbote sah nur die junge Frau, und als sie wieder im Haus verschwand, tippte er mir auf die Schulter und flüsterte: «Wie konnte sie denn den Kater sehen?»

«Na, er ist doch da oben, schauen Sie.»

«Ja, aber sie soll doch blind sein.»

«Nein – meine Frau ist blind. Das war eine Mitarbeiterin von BBC.»

Er brauchte eine Weile, um das zu verdauen. Dann drehte er sich um und winkte mit wilden Schiff-ahoi-Gesten über den Park hinweg. «Das war sie gar nicht», schrie er aus voller Lunge. «Das war eine Frau von BBC. Ich hol die andere gleich.»

Er wandte sich wieder mir zu. «Das findet sie sicher toll», erklärte er. «Sie schaut immer BBC.»

Gerade da kam Aileen mit der Interviewerin an die Tür, um ihr Vorschläge für ein paar Aufnahmen im Freien zu machen.

«Das ist sie», brüllte der Postbote, den Finger auf den Kopf der Interviewerin gerichtet. «Das ist die Frau des Jahres.»

«Nein, das ist sie nicht», schrie ich über den Park. Ich stach Aileen den Zeigefinger ins Ohr. «Das ist sie.»

«Was ist eigentlich los?» fragte Aileen.

«Ach, laß mal», sagte ich. «Wink einfach über den Park weg, dann können wir alle reingehen und Tee trinken.»

Sie winkte – lang und ausgiebig, mit einem strahlenden Lächeln, und drehte sich dann wieder mir zu.

«Und warum hab ich das nun getan?»

«Das erklär ich dir später. Es ist so ähnlich, wie wenn du Königin wärst, verstehst du.»

Anschließend begleitete ich den Postboten die Treppe hinunter. Seine Briefe war er nun alle los, aber seine Sorgen offenbar nicht.

«Ich muß mich beeilen», sagte er. «Sie schaut auf die

Uhr. Sie beobachtet mich, wenn ich durch den Park gehe, und wenn ich stehenbleibe und mit jemandem einen Schwatz halte, schimpft sie.»

Es tat mir jetzt fast leid, daß wir dieser kleinlichen Person zugewinkt hatten, die die ganze Welt und ihren Mann durch den Feldstecher beobachtete. Aber dann sagte ich mir, daß ich ihr vielleicht unrecht tat – es konnte ja sein, daß sie invalide war und ihr diese Beschäftigung ermöglichte, mit der Außenwelt in Kontakt zu bleiben.

«Ist sie invalide?» fragte ich ihn. «Kann sie nicht aus dem Haus gehen?»

«O doch», antwortete er, «sie ist prima zu Fuß. Sie ist nur verflixt neugierig und will sich nichts entgehen lassen.»

Am Nachmittag empfing Aileen einen Reporter von der *Yorkshire Post*, ein weiteres Filmteam, diesmal vom Lokalfernsehen, und eine Journalistin, die im Auftrag des *Woman's Weekly* kam.

Ich empfing einen dicken kleinen Mann mit Mundgeruch, der extra zu mir gekommen war, um sich über Terrassentüren und Verbundglasfenster zu unterhalten.

Es war schön, sich so begehrt zu wissen, aber noch schöner war es, als sie endlich alle gegangen waren und man sich wieder gemütlich aufs Sofa fläzen konnte.

«Hast du die Katzen gefüttert?»

«Ach, Mist!»

Ich hievte mich aus dem Sofa und schlurfte in die Küche. Es war beinahe eine Stunde über die Zeit, und es wunderte mich, daß Thermal nicht längst aufgekreuzt war, um mich zu holen.

Candy drängte nie. Sie schien sich der Tatsache bewußt zu sein, daß sie weder kochte noch sonstwie zur

Haushaltsführung beitrug, und war eher bereit, Hunger zu leiden, als zu betteln.

Arthur steckte in einer seltsamen Phase. Er war mittlerweile wieder ganz auf dem Damm und hatte sich zu einem höchst lebendigen Burschen entwickelt, aber jedesmal, wenn die Essenszeit heranrückte, verfiel er vollkommen. Er schien zu glauben, dieses sorglose Leben sei zu schön, um wahr zu sein, und war meist ein albernes Nervenbündel, wenn ich ihm schließlich seinen Napf unter die Nase schob.

Thermal jedoch wurde nicht von derlei Zweifeln und Ängsten geplagt. Er kannte seine Rechte und besaß eine innere Uhr, die ihn zu jeder Mahlzeit pünktlich in die Küche führte. Wieso also war er nicht längst da?

Ich sah ihn plötzlich vor mir, wie er auf dem Dach herumgeturnt hatte. Ich hatte ihn völlig vergessen gehabt. An sich schaffte er es gut, da wieder allein herunterzukommen, aber das Fenster hatte die dumme Angewohnheit, manchmal einfach zuzufallen.

Infolge eines gewissen Mangels an Sprungkraft in den Hinterbeinen bin ich nicht so behende wie Thermal, und der Satz vom Toilettentisch auf den Schrank hätte mich völlig überfordert. Ich schleppte deshalb erst einmal eine Trittleiter vom Keller ins Schlafzimmer hinauf und stellte sie unter das Fenster.

Es war tatsächlich zugefallen, und ich erwartete fast, von der anderen Seite einen zornigen kleinen Kater zu mir herunterblicken zu sehen, der ungeduldig auf seine Armbanduhr tippte.

Aber es war kein Kater da – jedenfalls nicht auf dem Flachdach, und auch nicht auf den Schindeln, die zu den beiden Kaminen ansteigen. Ich rief laut nach ihm, aber es passierte nichts weiter, als daß eine Schar regenfeuchter Tauben sich in die nächtlichen Lüfte erhob. Sie mußten entweder sehr mutig oder sehr dumm sein, daß sie es wagten, sich hier oben niederzulassen, während Thermal auf der Pirsch war, und sie sahen mir eigentlich nicht so aus.

Die folgenden Minuten waren für mich, der ich schon auf der dritten Sprosse einer Leiter Panikanfälle bekomme, die reinste Tortur. Ich kroch über die feuchten Schindeln zu allen vier Giebeln hinauf und spähte zur Regenrinne auf der anderen Seite hinunter. Sogar in einen der Kamine guckte ich hinein, aber von Thermal war nirgends eine Spur zu entdecken.

Der Garten hatte von hier oben ungefähr die Größe eines Eßtischs. Die Steinplatten hatten einen feuchten und sehr harten Glanz. Nicht weit von der Treppe lag eine Katze flach auf dem Bauch – es war Chico, und er schien aufgeregt über irgend etwas, das er soeben im Blumenbeet entdeckt hatte.

Ich mußte schleunigst hinunter und nachsehen. Ich konnte nur hoffen, daß es nicht das war, was ich fürchtete.

22

Es war nicht Thermal, es war Denton. Er lag tief geduckt unter der *azalea japonica* auf der Lauer. Er wußte natürlich nicht, daß die Pflanze so hieß, aber er wußte dafür um so besser, daß Chico ihn von seinem Standort aus nicht richtig sehen konnte und gleich neugierig herüberkommen würde. Er leckte sich erwartungsfroh die Lefzen. Das war die richtige Trimm-dich-Übung nach einer wilden Nacht mit den Jungs.

Und dann kreuzt da plötzlich dieser Riesenprügel von Mann auf, der vom Dschungelgesetz nicht die geringste Ahnung hat, und tritt einem brutal auf den Schwanz. Eine Gemeinheit ist das – schlecht für die Nerven und auch für den Schwanz nicht das beste.

Es war das erste Mal, daß ich mich freute, Denton zu sehen, und wenn er lange genug geblieben wäre, hätte ich ihm vor Dankbarkeit einen Kuß gegeben. Ich hatte gefürchtet, einen schwerverletzten Thermal im Blumenbeet zu finden.

Doch die anfängliche Erleichterung wich bald neuerlicher Besorgnis, und von dem treuen Chico geführt, der sich mir als Pfadfinder zur Verfügung stellte, ging ich einmal um das ganze Haus herum, wobei ich verzweifelt hoffte, daß wir nichts finden würden.

Wir fanden tatsächlich nichts. Chico war ziemlich kleinlaut. Er glaubte offenbar, er hätte mich enttäuscht. Er wußte ja nicht, was wir gesucht hatten.

Noch einmal stieg ich an diesem Abend aufs Dach und am frühen Morgen ein drittes Mal, aber ich fand keine Spur von Thermal. Ich bekam Angst, er könnte in einen der Schornsteine gestürzt und hinter einer der Gasinstallationen gefangen sein.

«Aber nein, das glaube ich nicht», meinte Aileen. «Er ist doch so sicher auf den Beinen.»

«Ja, ich weiß.»

«Du bist zu ängstlich.»

«Ja, ich weiß.»

«Wahrscheinlich hat er irgendwo eine Freundin.»

«Ja, vermutlich hast du recht.»

Der Mann vom Gaswerk kam Punkt zwölf und baute erst die eine Gasanlage aus und dann die andere. Er fand eine tote Drossel und ein Klümpchen Mörtel.

«Wahrscheinlich hat er irgendwo eine Freundin», sagte er, während er alles wieder anschloß.

«Ja», stimmte ich zu, die tote Drossel in der Hand. «Sie haben vermutlich recht.»

Aber Thermal interessierte sich nicht für Frauen – das hatte ihm der Tierarzt abgewöhnt –, deshalb holte ich das alte Rundschreiben aus dem Computer, ersetzte das Wort «klein» durch das Wort «halbwüchsig», machte 150 Kopien und ging los.

Diesmal wußte ich schon, wo alle Briefkästen waren, und Candy kam mit, um mir Gesellschaft zu leisten. Wo sie Hunde und Gefahr roch, lief sie auf den Mauern; wo die Witterung freundlich war, trottete sie mit mir die Wege entlang.

Seit Thermals Verschwinden fand sie keine Ruhe und folgte mir auf Schritt und Tritt wie ein junger Hund. Selbst Arthur, bei dem sich alles nur um das eigene Wohlbefinden drehte, schien zu spüren, daß etwas nicht in Ordnung war.

Aus zwei Tagen wurden vier. Am fünften Tag, einem Freitag, rief die Frau wieder an, die mich zuvor schon einmal vor den Katzenfängern gewarnt hatte. Sie mußte ganz in der Nähe wohnen. Ich schnitt ihr rüde das Wort ab, indem ich auflegte, und im selben Moment läutete es draußen.

Der Mann hatte mein Rundschreiben in der Hand. «Ist das von Ihnen?»

«Ja.»

«Wir bauen da unten an der Straße gerade ein paar Wohnungen aus. Meine Leute behaupten, daß sich irgendwo im Haus eine Katze rumtreibt – seit ein paar Tagen schon. Sie hören sie immer wieder, aber gesehen haben sie sie bis jetzt nicht.»

«Ich komme gleich mit.»

«Nehmen Sie eine Taschenlampe mit. Der Strom ist noch nicht angeschlossen.»

Zusammen gingen wir zu dem schönen alten Haus gegenüber vom Park. Es war so offensichtlich unbewohnt, daß ich mir schwer überlegt hatte, ob ich mir die Mühe machen sollte, die ganze Einfahrt hinauf bis zum Briefkasten zu gehen. Nur die Arbeitsmoral, die mir vierundzwanzig Stunden am Tag im Nacken sitzt, hatte mich getrieben, Nägel mit Köpfen zu machen und auch hier eines meiner Rundschreiben zu hinterlassen.

«Er muß reingekommen sein, als wir eines der Fenster erneuert haben. Jetzt ist es gerichtet, und er ist drinnen eingesperrt.»

Zwei Stockwerke hoch schrie und pfiff ich in allen Tonlagen, aber das leere Haus blieb unbeeindruckt.

«Kommen Sie, oben sind noch zwei Etagen.»

Wir stiegen eine Treppe hinauf, die bessere Zeiten gesehen hatte, und ich richtete meine Taschenlampe auf einen Stapel Dielenbretter.

«Wir sind gerade dabei, die zu erneuern.»

Ich glaubte, etwas zu hören, und er ebenfalls. Wir warteten einen Moment, ohne uns zu rühren, dann rief ich laut: «Thermal!»

«Thermal?»

«So heißt er – es ist eine lange Geschichte.»

«Kann ich mir denken. Ich persönlich kann ja mit Katzen nichts anfangen. Mir sind Hunde lieber.»

Wir stiegen in den vierten Stock hinauf, und die Taschenlampe wurde matt von der Anstrengung.

«Was haben Sie denn für einen Hund?»

«Einen Drahthaarterrier.»

«Und wie heißt er?»

«Pummelchen.»

«Pummelchen?»

«Ja – er gehört eigentlich meiner Frau.»

Die Räume des obersten Stockwerks duckten sich unter niedrigen Balken. Zwei Dachlampen kamen meiner Taschenlampe bei ihrer halbherzigen Suche in versteckten Ecken und Winkeln zu Hilfe.

«Er muß hier oben sein. Ein paar von meinen Männern haben versucht, ihn herauszulocken, aber es war nichts zu machen. Er hat ihnen nur die Wurst vom Brot geklaut, wenn sie gerade nicht hinsahen.»

«Das ist typisch für ihn. Thermal!» brüllte ich.

Kratzgeräusche, dann Stille.

«Thermal!»

Er donnerte wie ein Zug unter den Dielen hindurch. Ich hörte das Trappeln seiner kleinen Pfoten, ohne ihn zu sehen. Dann sprang er plötzlich durch die Öffnung zwischen zwei Brettern in die Höhe, prallte mir an die Brust und schlug seine Krallen in meinen Pullover.

«Das ist also Thermal.»

«Ja, das ist er.»

«Kleiner Schmutzfink, was?»

Beim Klang der fremden Stimme legte er die Ohren an und rollte die Augen. Er strampelte, um sich mir zu entwinden, und ich mußte ihn fest unter einen Arm klemmen, damit er mir nicht ausriß.

«Und ein Glückspilz ist er dazu. Das ist das letzte Brett. Die Elektriker hätten es morgen früh festgeschraubt.»

Wir standen alle drei in der Küche und sahen hingerissen zu, wie Thermal sich erst auf eine Ladung Kaninchen mit Huhn stürzte und dann noch einen Schwarm Ölsardinen verschlang.

Einmal legte er eine Pause ein, um zu rülpsen – nicht wie Candy, die sich höchstens zu einem diskreten Bäuerchen verstieg, das sie mit einem hübschen Lächeln vertuschte, nein, laut und ungeniert und von so tief unten herauf, daß das Fell um sein Hinterteil Wellen schlug.

Es war schön, daß er wieder da war. Als Betthupferl nahm er noch ein Schlückchen Sahne, ehe er mit uns nach oben ging und sich in die Daunendecke vergrub. Noch ehe ich mein Hemd ausgezogen hatte, war er fest eingeschlafen, natürlich an seinem Lieblingsplatz – genau da, wo ich gern meine angezogenen Knie plaziere, nachdem ich Aileen den Gute-Nacht-Kuß gegeben habe.

Vorsichtig tastete ich mit den Füßen bettabwärts, bis meine Zehen warmes Fell berührten, dann spreizte ich die Beine und drapierte sie, so gut es ging, zu seinen beiden Seiten. Ich drehte die Hüften, schob den rechten Arm unter meine Brust und drehte mich, das linke Knie in der Luft, langsam, um ihn nicht zu stören, auf die Seite. Die ersten dreißig Sekunden war es urgemütlich, dann schlief mir die Schulter ein. Sonst schlief nichts von mir ein, und ich war immer noch hellwach, als Candy mir auf den Kopf sprang.

Sie sah immer gern noch einmal nach dem rechten, ehe sie heraufkam, um sicherzugehen, daß alle Lichter aus und alle Türen abgeschlossen waren, und um sich in aller Ruhe, ohne neugierige Blicke und freche Bemerkungen von Thermal, noch einmal aufs Katzenklo zu setzen.

Sie kroch wie ein Maulwurf unter die Decke, um sich zu Thermal zu legen. Aileen wurde wach und drehte sich zu mir herum, während Thermal mir unten vor Wonne über Candys Erscheinen die Krallen in die Waden hieb.

Aileens warmer Atem streifte mein Ohr. «Bist du noch wach?»

«Ja», antwortete ich in steigendem Falsett.

«Ich bin überhaupt nicht müde – du?»

«Nein.»

«Wollen wir nicht . . .»

«Nicht gerade jetzt, Schatz – ich glaube, ich kriege Kopfschmerzen.»

Am nächsten Morgen stattete Arthur mir einen Besuch ab. Er hatte keinen Termin, aber er meinte wohl, gut genug mit mir befreundet zu sein, um unangemeldet auf einen Sprung vorbeizukommen. Da er noch nie zuvor in meinem Büro gewesen war, streckte er nur vorsichtig den Kopf hinein, um mich wissen zu lassen, daß er auch noch da war. Dann machte er kehrt, wobei er soviel Platz brauchte, daß er sich nun doch ins Büro hineinwagen mußte, und hinkte würdevoll wieder davon.

Wenn Sie mal einen Kater mit Zylinder und Spazierstock sehen sollten, können Sie ziemlich sicher sein, daß es sich um Arthur handelt.

Wir waren gerade mit dem Mittagessen fertig, als es draußen läutete. Aileen und ich waren beim Kaffee, Candy war in die *Sunday Times* vertieft und Thermal war dabei, einer reichlich verwirrten Rosine zu erklären, wie er von einer Bande böser Bauarbeiter entführt und gefangengehalten worden war.

Die Rosine alterte jetzt rasch, und ich machte mir Sorgen um sie. Ihr Blutzuckerspiegel schien etwas niedrig zu sein.

Es läutete wieder. Wer konnte das sein? Arthur sicher nicht, der kam nicht bis zur Glocke hinauf.

Es gab nur ein Mittel, es herauszufinden, und da Aileen plötzlich ertaubt zu sein schien, stand ich auf und ging hinaus.

Vor der Tür stand ein kleines Mädchen von vielleicht sechs Jahren mit einem weißen Kätzchen in den Armen. Das Kätzchen trug eine rötlichgelbe Perücke – ich hatte sofort den Verdacht, es hätte sie gestohlen. Doch die beiden Ohrspitzen leuchteten im gleichen Rötlichgelb und ebenso die Schwanzspitze.

Das kleine Mädchen hatte feuchte Augen. Mit einem Dammbruch war jeden Moment zu rechnen. «Wollen Sie nicht meine kleine Katze nehmen? Sie wollen sie einschläfern lassen.»

Solche Worte statt einer Begrüßung, das erlebt man selten, und ich war so verdattert, daß ich ziemlich unangemessen reagierte.

«Wirklich?»

Das Kätzchen nickte und wandte sich ab. Es war ihm alles zuviel.

«Mein Daddy ist gegen Katzen allergisch. Drum will er sie einschläfern lassen.»

Das Kätzchen holte einmal tief Atem und schluckte krampfhaft.

Von unten schallte Patricks Stimme über die Hecke. «Und sie haben einen Dobermann, der ihr garantiert früher oder später den Kopf abbeißt.»

Aileen kam heraus. «Was ist denn los?»

Das kleine Mädchen hielt ihr das Kätzchen hin. Aileen neigte sich so tief zu ihm hinunter, daß ihre Nasen sich beinahe berührten.

«Onkel Patrick hat gesagt, Sie würden sie bestimmt aufnehmen. Er hat gesagt, daß Sie Katzen mögen.»

«Gib sie mir doch mal.» Aileen nahm das Kätzchen in die Arme und streichelte es. Dann drückte sie ihr Gesicht in sein Fell.

«Es ist weich wie Seide – fühl mal.» Ich fühlte. Es war weich wie Seide. «Komm doch rein», sagte sie zu dem kleinen Mädchen, und sie gingen hinein.

«Danke – dank dir tausendmal», rief ich zu Patrick hinunter. «Das hat uns gerade noch gefehlt.»

«Keine Ursache, Deric. Ich weiß doch, daß du das Richtige tun wirst.»

Ich war mir nicht sicher, was das Richtige war. Die Katzenbevölkerung in diesem Haus wuchs mir etwas zu rasch, und außerdem hatte ich Arthur den nächsten freien Platz mehr oder weniger fest versprochen.

Aileen hatte das kleine Mädchen und ihr Kätzchen mit in ihr Arbeitszimmer genommen und versicherte dem Kind, daß es jederzeit kommen und die Katze besuchen könne.

«Und Sie glauben, daß sie mich dann noch kennt?»

«Aber sicher.»

Sobald die Kleine sich unter Tränen verabschiedet hatte, kamen Thermal und Candy herein, um zu sehen, was es mit diesem ganzen Theater auf sich hatte.

Thermal war nicht beeindruckt.

Candy fand das Kleine bezaubernd. So hätte ihr Junges ausgesehen – wenn es hätte leben dürfen.

«Wie wollen wir es nennen?» fragte Aileen.

«Wie wär's mit ‹Patricks Rache›?» meinte ich, aber das schien Thermal nicht zu gefallen. Er trottete hinüber, um den kleinen Neuling näher in Augenschein zu nehmen.

Aileen setzte ihn zu Boden, und er zischte ab wie eine Rakete – Thermal direkt an die Kehle. Das Überraschungsmoment war Ausgleich genug für die Diskrepanz in Größe, Gewicht und Erfahrung, und innerhalb von Sekunden fand Thermal sich von einem fauchenden kleinen Untier mit Krallen und Zähnen attackiert unter dem Fernsehapparat wieder.

Er gab dem kleinen Kerl eine kräftige Ohrfeige. Der schlug einen Purzelbaum und griff von neuem an. Thermal sprang auf den Schreibtisch, und der fauchende kleine Unhold schlug vor Frust seine Zähne in den Teppich.

Candy, die Sanfte, wollte Frieden stiften. Das Kleine stürzte sich auf sie, ohne sich von dem harten linken Haken, der einst Denton aus den Pantinen gekippt hatte, aufhalten zu lassen.

«Was ist denn das für einer?» fragte Aileen.

«Bestimmt ein Zibetkater», sagte ich, als Candy an uns vorbei aus dem Arbeitszimmer floh. Auf ihrem Rücken ritt das Kätzchen wie ein Meisterjockey.

Sie stießen mit Arthur zusammen, der gerade hereinkam, um sich zu beschweren, daß er kein Mittagessen bekommen hatte. Der kleine Teufel fiel von Candys Rücken und schnappte sich sofort Arthurs verbogenen Schwanz, doch das war ein großer Fehler.

Arthur mochte ein Krüppel sein, aber er war ein großer, kräftiger Krüppel, und mit solchem Kroppzeug wie diesem Kleinen da wurde er alle Tage fertig.

Als das Kamikazekätzchen ihm entgegenflog, drehte er sich nur leicht, verpaßte ihm eins mit der Pfote und setzte sich auf ihm nieder. Platt wie eine Wanze, mit hervorquellenden Augen, lag das arme Ding unter Arthurs feistem Gesäß.

«Den können wir nicht behalten», sagte ich zu Aileen.

«Wieso nicht? Ich werd ihn schon erziehen.»

«Da brauchst du aber einen Hocker und eine Peitsche.»

«Na und? Gib mir nur eine Woche.»

Sie zog das Kätzchen unter Arthurs vier Buchstaben hervor und trug es in ihr Arbeitszimmer. Über ihre Schulter hinweg starrte es uns Zurückbleibende verständnislos an.

Patrick hatte sich jedenfalls sehr wirkungsvoll an mir gerächt. Er mußte gewußt haben, was für ein kleiner Teufel dieses Kätzchen war. Aber Aileen wollte es unbedingt behalten. Sie war überzeugt, daß es ihr gelingen würde, ihm Manieren beizubringen.

Aber selbst wenn sie sich da irren sollte – ich wußte jemanden, der es bestimmt schaffen würde.

Ich kniete nieder und streichelte über den breiten schwarzen Rücken. Er wölbte sich unter meiner Hand wie der Höcker eines kleinen Kamels.

«Hör mal, Arthur – ich glaube, wir sollten mal miteinander reden.» Ich legte ihm kameradschaftlich den Arm um die Schultern. «Wegen des freien Platzes hier im Haus ... Wann kannst du einziehen?»

Und dann?

Der kleine Neuling, der sich übrigens als «junge Dame» entpuppte, blieb bei uns, Arthur zog ins Haus, und Candy hatte nichts Eiligeres zu tun, als einen Kindergarten einzurichten. Thermal zog beleidigt ab. Die Verstimmung war jedoch nicht von langer Dauer, zur Teezeit war er wieder da. Freitags bekamen die Katzen immer Fisch, und um keinen Preis hätte er sich den entgehen lassen. Wir hatten diesen Brauch aus früheren Zeiten beibehalten, als meine siebenjährige Tochter Sally ihren kleinen Kater Ronald hochgehoben und mich gefragt hatte: «Woher weißt du, daß er nicht katholisch ist?»

Der Tierarzt klärte mich darüber auf, daß wir jetzt stolze Besitzer einer türkischen Van-Katze seien.

«Die können teuflisch sein, wenn sie klein sind.»

«Legen sie das später ab?»

«Manche ja – manche werden noch teuflischer.»

Die unsere legte es ab, mit Hilfe von Arthur und Aileen. Jedesmal, wenn sie durchdrehte, setzte sich entweder Arthur auf ihr nieder oder Aileen gab ihr einen Klaps auf die Nase, bis sie sich eines Tages in ein stilles Eckchen verzog und gründlich nachdachte. Vieles sprach dafür, daß sie den Rest ihres Lebens mit einer

Rückgratverkrümmung und ständig schmerzender Nase herumlaufen würde, und sie kam zu dem Schluß, daß das doch wohl nicht alles sein konnte, was das Leben zu bieten hatte.

Thermal genoß seine Rolle als Haushaltsvorstand. Er stand Arthur, der immer schwerhöriger wurde, als Gegenleistung für Unterweisung in den edlen Künsten des Jagens, Fischens und Fluchens als Leibwächter zur Verfügung, wenn sie auf die Pirsch gingen, damit ihm keiner in den Rücken fallen konnte.

Candy liebte ihn, wie sie alle und jeden liebte, und unser flegelhaftes kleines Katzenmädchen himmelte ihn an, als wäre er eine Mischung aus Clark Gable und Garfield.

Verstehen kann ich es ja. Gerade in diesem Moment stolziert er über meinen Schreibtisch, ein Bild katzenhafter Schönheit und Anmut. Die Flegeljahre hat er hinter sich, und die Bewegungen seines kraftvollen und geschmeidigen jungen Körpers besitzen jetzt eine Eleganz und Gelassenheit, die einem guten Selbstbewußtsein und einer natürlichen Würde entspringen.

Aber jetzt müssen Sie mich entschuldigen – er hat nämlich gerade die Nase in meine Ablage gesteckt.